漫畫三十六計

金蟬脫殼、走為上計、混水摸魚、美人計

下

賽雷 著

U0165373

目錄

19 釜底抽薪 006

20 混水摸魚 022

21 金蟬脫殼 036

22 關門捉賊 050

23 遠交近攻 064

24 假道伐虢 080

25 偷梁換柱 094

26 指桑罵槐 114

004

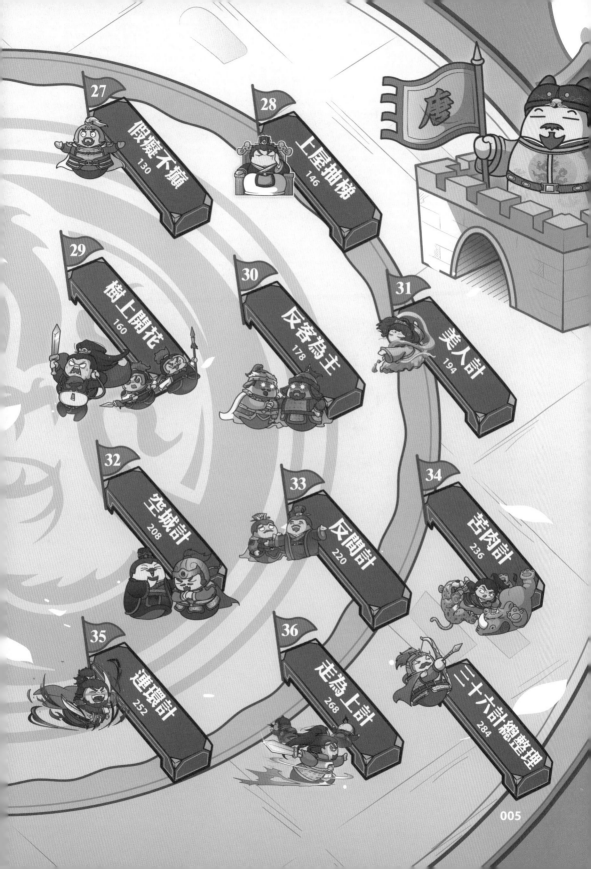

27 假癡不癲 130

28 上屋抽梯 146

29 樹上開花 160

30 反客為主 178

31 美人計 194

32 空城計 208

33 反間計 220

34 苦肉計 236

35 連環計 252

36 走為上計 268

三十六計總整理 284

005

不敵其力，而消其勢，兌下乾上之象。

不要直接攻打敵人的主力，而要削弱其氣勢，用以柔克剛的辦法戰勝強敵。

西元前 158 年，匈奴大舉入侵漢朝邊境，漢文帝急忙調集兵馬抵禦，然後又派了三支部隊駐紮在長安附近護衛國都：皇親劉禮駐守灞上，老將徐厲駐守棘門，西漢開國元勳周勃的兒子周亞夫駐守細柳。

為了鼓舞士氣，漢文帝親自去慰勞這三處駐軍，他到灞上和棘門時，軍營裡的人看到皇帝的車駕來了，不等通報就趕緊放行。等漢文帝要走時，劉禮和徐厲又率軍一路把他送到營寨門口，生怕怠慢了皇帝。

但當漢文帝來到細柳營時，情況卻和在灞上、棘門時截然不同：開路的先鋒剛到營寨，就被守軍攔了下來。先鋒表示皇帝來了，要進營視察，但守軍竟然不為所動。

將軍有令，軍中只聽將軍的命令，不聽天子的詔令！

等漢文帝的車駕也到了營寨門前，使者拿著天子的符節進去通報，周亞夫這才下令打開營寨大門迎接。漢文帝的車駕正要通行，守軍又一臉嚴肅地告訴車夫，軍營之中不許車馬疾馳。

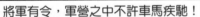

將軍有令，軍營之中不許車馬疾馳！

於是車夫只好拉住韁繩，讓馬車慢慢地走。等漢文帝到了營中，周亞夫出來迎接，拱手行禮。

身穿甲冑的人不下拜，請陛下允許臣向您行軍禮。

好好好！理當如此！

漢文帝聽了周亞夫的話，十分動容，也在車上向將士們行了軍禮。慰問完畢後，漢文帝一行離開細柳營。隨行的大臣們都對剛剛發生的事感到震驚，可漢文帝卻感慨周亞夫治軍有道。

這才是真將軍啊！灞上、棘門的軍隊簡直太輕率，如果敵人來偷襲，恐怕他們的將軍都要被俘虜了！至於周亞夫，敵人哪裡能侵犯他呢？

後來，漢文帝病重，他在彌留之際叫來了太子劉啟，叮囑他重用周亞夫。

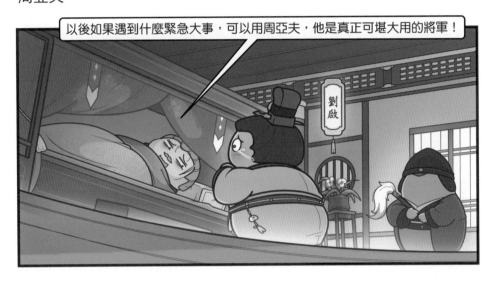

以後如果遇到什麼緊急大事，可以用周亞夫，他是真正可堪大用的將軍！

漢文帝去世後，劉啟繼位，是為漢景帝。他聽從大臣晁錯的建議下令「削藩」，削奪各諸侯王的封地。削藩令頒布不久，以吳、楚為首的七個藩國就打出「誅晁錯，清君側」的旗號發動了叛亂，史稱「七國之亂」。

你們幹什麼？造反嗎？這裡可是皇城腳下！

放屁！我們是來幫陛下除掉身邊的小人！

眼見國家大亂，漢景帝決定犧牲晁錯換取和平，於是下詔將晁錯腰斬。

但諸侯的叛亂沒有停歇，事情鬧成這樣，除了開戰，已經別無選擇。漢景帝想起了父親的臨終遺言，把周亞夫的官職從負責護衛京師的中尉，直接升到了武官之首的太尉，讓他統領兵馬平定叛亂。

周亞夫臨危受命之時，叛軍中實力最強的吳、楚聯軍正在攻打梁國。漢景帝的弟弟梁王劉武一邊頑強抵抗，一邊派人向朝廷告急。

面對梁王的求援，周亞夫並不想率軍去救，而是想通過截斷叛軍糧道將之擊潰。

漢景帝同意了周亞夫的計畫。後來周亞夫率軍趕到滎陽時，梁國被叛軍輪番猛攻。梁王向周亞夫求援，但周亞夫卻讓部隊向東北進發到昌邑，然後修築營寨堅守不出。

將軍，梁王那邊……

不用管他！吩咐下去，快點把營寨紮好！

梁王很著急，再次派人向周亞夫求援，周亞夫還是不理。梁王又寫信向漢景帝求援，漢景帝不忍心看到兄弟大難臨頭，也下詔讓周亞夫派兵增援，但周亞夫依舊不為所動。

將軍，陛下讓您速速出兵支援梁王！

我知道了，但這事我自有考量！

梁王見周亞夫鐵了心不發援兵，只好鼓舞將士們繼續拼命抵抗。將士們知道沒有援軍，守不住城就必死無疑，都拿出了殊死一搏的氣勢英勇作戰。

弟兄們，是我錯看了周亞夫，我們只能靠自己了！

由於梁國萬眾一心，嚴防死守，叛軍一時無法攻克。結果耗著耗著，叛軍突然收到了自己的糧草被劫的消息。原來，叛軍猛攻梁國的時候，周亞夫表面上袖手旁觀，實際上早就派了一部分兵馬輕裝疾行，繞到叛軍身後斷了他們的糧道。

天啊！不是說敵方沒有援兵嗎？

周將軍可不是懦夫，我們就等著這一刻呢！

叛軍缺糧，士卒飢餓，只能力求速戰速決，他們攻不下梁國，就轉頭來打周亞夫。周亞夫堅守不出。叛軍一次次挑戰，周亞夫都充耳不聞、視若無睹。

某天晚上，可能是有人誤報叛軍來襲，周亞夫的軍營裡出現了混亂，嘈雜聲傳到了周亞夫的大帳裡，但周亞夫始終躺在床上一動不動。

將士們看到主帥如此淡定，心想應該沒出什麼大事，逐漸都平靜了下來。過了一下子，這場騷亂就自動平息了。

幾天後，叛軍突然大張旗鼓地進攻周亞夫軍營的東南側，聲勢空前浩大。周亞夫一眼就識破了這是聲東擊西之計，直接下令重點在軍營的西北側設防。

不好啦！叛軍傾巢而出，要跟我們決一死戰啦！

別被敵人迷惑了！加強其他營門的防守！

將士們在軍營西北側嚴陣以待，果然等到了叛軍的主力，成功瓦解了敵人的攻勢。

這和預想的不一樣啊！怎麼這裡也有這麼多兵力防守？

✐叛軍久久無法攻破營寨，十分疲憊，再加上缺糧導致的飢餓，戰鬥力已經跌到了谷底，不得不選擇撤退。

將軍，我們的糧草已經吃完了，再熬下去，就要活活餓死了！

✐見敵人退卻，周亞夫不再固守，而是派出精銳乘勝追擊，將叛軍打了個落花流水。

✐戰敗之後，叛軍的二號首領楚王劉戊畏罪自殺；叛軍的一號首領吳王劉濞拋下軍隊逃到了東越。朝廷下令用千金懸賞劉濞的人頭，最終東越人將劉濞斬首，用快馬將其首級送給了漢景帝。

叛軍中實力最強的吳、楚聯軍覆滅後，其餘叛軍也相繼被消滅或者投降，七國之亂僅歷時三個月就被平定了。除了被周亞夫「見死不救」好幾次的梁王，大家紛紛稱讚周亞夫謀略過人，用兵有方。

這個傢伙，見死不救！還好我命大！

在對付吳、楚叛軍時，周亞夫不與兵鋒正盛的叛軍決戰，而是截斷敵人的糧草，削弱敵人的戰鬥力，這就是一種「釜底抽薪」的策略。

想讓熱鍋涼下來，揚湯止沸只有一時管用，無法解決根本問題；抽掉鍋底的柴火，讓鍋失去熱源，才能使它徹底涼下來。

第二十計

混水摸鱼

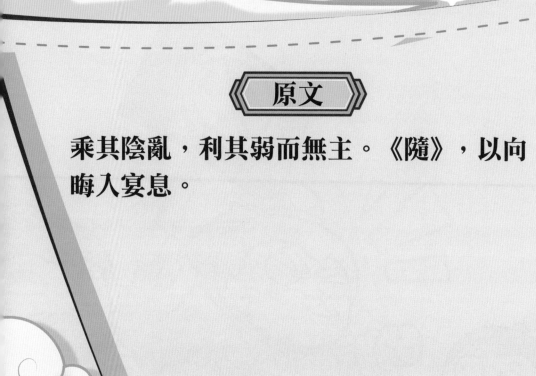

乘其陰亂，利其弱而無主。《隨》，以向
晦入宴息。

趁敵人內部發生混亂，利用其虛弱而無主見的機會迫使其順從。就像人要順從天時的變化作息，到了夜晚就要進屋休息一樣。

東晉十六國時期，中國大致被分為了兩塊：東晉控制了江南、荊湘地區，在東南一家獨大；北方和西南地區則先後出現了二十多個國家，互相攻伐，混戰不休。

噴噴，想像我一樣混出頭，可不容易呢！

在北方諸國中，最先崛起的是前秦。西元 357 年，前秦第三位皇帝苻堅通過政變奪權登基；在他的統治下，前秦先後消滅了前燕、前涼、代國等割據國家，基本上統一了北方。

一個能打的都沒有！

掃清北方後，苻堅準備南下吞併東晉，完成統一全國的偉業。

378 年，苻堅派出七萬大軍攻打東晉的襄陽。當前秦軍前鋒部隊到達沔水北側時，襄陽的守將朱序發現這股前秦軍沒有渡江的船隻，就沒把他們當回事。

在朱序輕忽大意之時，前秦大將石越從另一邊率領五千騎兵順流渡過漢水，殺到了襄陽的外城下。朱序大驚，放棄外城逃入了中城。

✏️石越在外城繳獲了一百多艘船，把後續部隊接過了江，一起圍攻襄陽中城。

✏️朱序率領東晉軍嚴防死守，硬是拖了前秦軍一年。後來前秦軍的糧草供應出了問題，朱序轉守為攻主動出擊，前秦軍難以招架，屢屢敗退。見形勢好轉，朱序輕敵的老毛病又犯了，他認為前秦軍撤退了就不會再回來，於是不再設防。

✍然而日防夜防，家賊難防，襄陽守將中出現了叛徒。叛徒秘密派人聯絡前秦軍，雙方裡應外合，前秦軍輕鬆拿下了襄陽，朱序也淪為了俘虜。

✍朱序被抓後，一度想要逃回東晉，但不慎敗露。苻堅認為朱序是一個有氣節的忠臣，就赦免了他的逃跑之罪，將他封為尚書留在前秦效力。

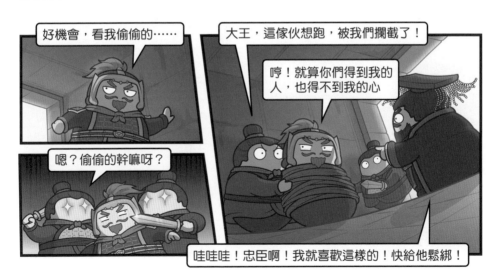

混水摸魚 **029**

緊接著，苻堅派兵圍攻彭城，東晉大將謝玄率軍馳援。謝玄深諳兵法，四戰四勝，大破敵軍，前秦只能被迫班師，休養生息，以求再戰。

383 年，經過數年休整，前秦實力更加強大，於是再度攻打東晉。苻堅的弟弟苻融率二十五萬人為先鋒，苻堅自己則親率六十餘萬步兵和二十七萬騎兵出征，百萬大軍浩浩蕩蕩，綿延了上千里。

在絕對的兵力優勢下，苻融的先鋒軍很快攻陷了壽陽，接著苻融又派將領梁成率兵五萬駐紮在洛澗，專門阻擊東晉的反攻。

果然，東晉的謝玄、謝石等人率援兵趕到前線時，因為忌憚梁成而不敢再前進。於是前線的東晉將領派人給謝石送信，表示自己糧草殆盡，難以支撐，結果送信的人被苻融抓獲了。苻融得知敵情，立馬派人通報苻堅。

符堅大喜，立刻留下大部隊，率領八千精騎趕到了壽陽，然後派朱序去勸降東晉的謝石等人。但符堅不知道的是，朱序雖然身在前秦，卻一直心向東晉。朱序假裝去勸降，實際上卻讓謝石趁前秦大軍還沒趕到，主動出擊。

前秦軍雖有百萬之眾，但大部隊還在後面沒到。如果他們全部集結完畢，你就難以戰勝了。

這可怎麼辦？

謝石

你應該趕緊主動出擊，敗其前鋒挫其銳氣，這樣才能擊敗強敵！

謝石聽從朱序的建議，派人率領五千精兵，在夜間偷襲了梁成的洛澗大營。前秦軍以為己方已經勝券在握，防備十分鬆懈，結果沒做出什麼抵抗就被斬殺了一萬五千多人，梁成也死在了亂軍之中。

你……你們怎麼敢……

哈哈！我有高人指點！

東晉軍乘勝向壽陽進攻，苻堅聞訊大驚，親自登上城頭眺望敵情。他一眼望去，看到近處的東晉軍陣形嚴整，遠處的八公山上彷彿還有無數個東晉士兵正在操練。其實，苻堅看到的遠處的無數「敵軍」，都是八公山上的草木。

這群傢伙怎麼看不到盡頭啊！

當時正值隆冬，能見度低，當天又剛好刮大風，樹木隨風搖擺，遠遠看上去就像士兵在操練一樣。後世根據這個烏龍事件還引申出了一個成語——草木皆兵。

為了迎敵，前秦軍沿著淝水列陣，逼得東晉軍無法渡河。謝玄認為僵持下去十分不利，就使了一個激將法，給苻融送去了一封戰書。

你們有這麼多兵馬，都沒想著速戰速決，竟然還沿河列陣，擺出一副要長久對峙的樣子。要不你們往後退，讓我軍渡河，我們決一死戰，豈不痛快？

前秦的將領們認為謝玄主動求戰，必有蹊蹺，現在我眾敵寡，只要堅守河岸，讓敵人無法前進，就能萬無一失。然而，苻堅卻不這麼認為。

如果我們只退後一點，放東晉軍渡河，然後趁他們渡河時殺個回馬槍，不就可以輕鬆取勝嗎？

哥哥說得有道理啊！那我這就下令全軍後退。

然而，實際情況和苻氏兄弟想的完全不一樣，前秦軍才剛剛開始後撤，東晉軍就如狼似虎般地開始搶渡，發起了突擊，雙方的氣勢一下子拉開了差距。就在前秦軍膽怯之時，「內鬼」朱序突然大聲叫喊。

這和預想的不一樣啊！

我軍敗了，敵人殺過來了！

這一喊，前秦軍瞬間心態崩潰，全軍亂作一團，爭先恐後地往後跑，怎麼攔也攔不住，很多人馬都因為自相踩踏而死。

之後謝玄率領渡河的東晉軍一路追擊，斬殺、俘虜了無數前秦士卒。符融在逃跑時墜馬被殺，符堅也中箭，隻身騎馬逃到了淮北。自此，前秦的實力斷崖式下跌。朱序則結束自己的「臥底」生涯，回到了東晉軍中。

淝水之戰是我國歷史上以少勝多的一個典型戰例，謝玄在兵力遠弱於敵人的情況下，巧妙利用激將法和朱序這個「臥底」，把戰場形勢攪亂，然後混水摸魚，將勝利的錦鯉摸到了自己手中。

存其形，完其勢；友不疑，敵不動。巽而止，
《蠱》。

　　保持陣地已有的戰鬥陣形，完備繼續戰鬥的各種態勢；使友軍不產生懷疑，敵人也不敢輕舉妄動。在敵人迷惑不解時，謹慎地進行主力轉移，事情就會順利。

北宋滅亡後，宋高宗趙構逃到南方建立了南宋。西元 1141 年，南宋與金國達成了「紹興和議」，兩國以淮水—大散關為界，開始了長期的南北對峙。

1206 年，南宋興師北上收復失地，將軍畢再遇接到了攻取泗州的命令。畢再遇可說是將門虎子，他的父親也是一位將軍，曾在岳飛的帳下效力。朝廷給畢再遇限定了進攻日期，但金國得知了這一情報，泗州守軍加強了戒備。

既然情報洩露了，那麼還按原計畫強攻，必然損失慘重。我們就把進攻日期提前一天，打他們措手不及！

泗州有東西兩座城池，畢再遇讓人把戰旗和攻城器械擺在西城之下，製造要攻打西城的假象，他自己卻率領一支突擊隊，偷偷來到東城爬上了城牆。

東城的金兵見宋軍突然殺到，驚慌失措，潰不成軍，被斬殺了數百人。攻克東城後，畢再遇豎起將旗，對著西城喊話勸降。西城守軍也不再頑抗，泗州兩城都被收復。經此一戰，畢再遇威名大振。

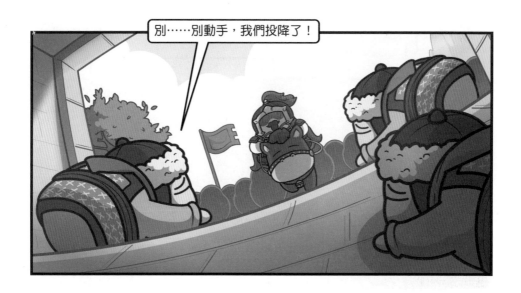

別……別動手，我們投降了！

緊接著，朝廷派出一路兵馬去攻取宿州，又派畢再遇率四百八十名騎兵為先鋒攻取徐州。結果畢再遇還沒到徐州，就在半路遇到了攻打宿州失利的友方殘軍。

畢再遇決定掩護友軍撤退，於是繼續向前進軍，在靈璧駐紮。沒多久，金國的五千騎兵也追到了靈璧。

畢再遇認為敵眾我寡，一味防守不是長久之計，必須主動出擊挫敵銳氣，才能讓敵人不敢逼近。於是，他只留了二十名死士守衛北門，自己率軍殺入了敵陣之中。

我來滅一滅這群傢伙的囂張氣焰！

金兵剛在畢再遇手上吃過敗仗，對他的名號已經有了畏懼，如今看到畢再遇揚起將旗殺氣騰騰地衝上來，紛紛嚇破了膽，開始潰逃。畢再遇手持雙刀，一路砍殺，追出數十里，殺死了許多金兵。

姓畢的來了！快跑啊！

趁著金兵潰退，宋軍得以安全地從靈壁撤離。畢再遇留下來斷後，命人在白天放一把火把靈壁城燒了，不給敵人留下任何物資。

將軍，為什麼晚上不燒，要等到白天才燒呢？

晚上點火會暴露我們的虛實，而白天有煙塵，能擋住敵人的視線，使我軍安全撤退。

宋軍剛剛虎口脫險，新的麻煩又來了，金國兵分九路大舉攻宋，濠州、滁州相繼失守，楚州也被七萬金兵包圍。朝廷又派畢再遇前去解圍。畢再遇到達楚州後，冷靜分析了戰場形勢。

楚州城池堅固，糧草充足，足以堅守一陣子，反倒是戰略要地六合的處境更加危險，敵人一定會集結重兵來攻。

畢再遇果斷率兵趕到六合駐紮。果然，金國大軍很快兵臨六合，畢再遇下令宋軍偃旗息鼓，裝作沒有什麼戒備的樣子，其實已安排了弓箭手在城上待命。等金兵接近城池，宋軍瞬間戰鼓齊鳴，萬箭齊發，城中將士和城外伏兵一齊殺出。

金國不甘失敗，又調集十萬大軍圍攻六合，但宋軍的箭不夠了，於是畢再遇讓人打起古代高官專用的儀仗傘蓋——「青蓋」在城頭來回走動。金兵以為是宋軍的高級統帥來視察，都爭著向其射箭。沒過多久，城樓就被射得像刺蝟一樣。

這場現實版的「草船借箭」讓宋軍得到了二十多萬支箭，金軍得知上當後惱羞成怒，繼續向六合增兵，把城池圍了個水泄不通。

🗡️畢再遇命手下在城頭大聲奏樂，表示宋軍十分悠閒，毫無壓力，同時派出幾支突擊小隊，不分晝夜地偷襲金軍營寨。金軍被折騰得不得安寧，只好解除了對六合的包圍。

🗡️金軍一撤，畢再遇就率軍出城襲擾，他命人用香料煮了一大堆豆子，把豆子撒在地上，然後追上金軍挑戰。人多勢眾的金軍見宋軍竟然還敢追出來，果斷派出騎兵回頭反攻。宋軍且戰且退，把金軍引到了撒滿豆子的地方。

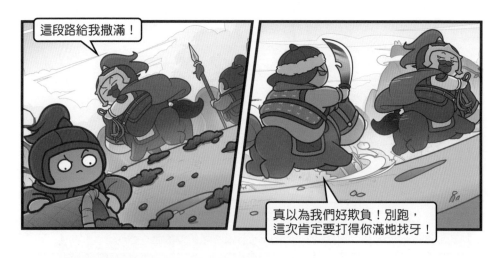

金軍的戰馬跑了很久，又累又餓，突然聞到豆子的撲鼻香氣，都停下來大口狂吃，任憑金軍如何抽打都不肯動彈。就這樣，金軍的精銳騎兵變成了戰場上的活靶子。宋軍趁機發起進攻，金軍死傷無數。

雖然畢再遇憑藉妙計打贏了一仗，但金軍的兵力依然遠勝於宋軍，而且金國還在源源不斷地增兵。畢再遇審時度勢，決定撤軍保存實力。

宋軍和金軍的營寨相隔不遠，有什麼動靜雙方都能聽得一清二楚，金軍每天都能聽到宋軍鼓舞士氣的擂鼓聲。幾天後，宋營傳來的鼓聲越來越小，金軍以為宋軍的士氣低落下來，就大舉進攻。然而，他們殺到宋營時，卻發現營寨根本無人防守。

金軍怕被埋伏，小心翼翼地探進了營內，很快他們就確認宋營已經是一座空營了，宋軍不知什麼時候全部撤離了。

✍一番探查後，金軍驚奇地發現，營內的每一隻鼓上竟然都倒吊著一隻活羊，羊的後腿被綁著高高掛起，前蹄剛好蹬在鼓面上。原來，這正是畢再遇為掩護宋軍撤退想出的妙計。

羊被吊著，兩隻前蹄不斷掙扎，在鼓上一通亂踢，傳出巨響。金軍聽到，還以為是宋軍在擂鼓。等到羊累了，鼓聲逐漸變小，金軍這才殺過來，而宋軍早已撤走，金軍想追也來不及了。

✍在宋軍幾乎全面潰敗的大局下，畢再遇用自己的智謀取得了幾場彌足珍貴的勝利；而在形勢危急、必須撤退之時，他又通過「晝燒靈壁」和「懸羊擊鼓」，表演了十分精彩的「金蟬脫殼」，幫宋軍保留住了一些希望的火種。

關門捉賊

第二十二計

原文

小敌困之。《剥》，不利有攸往。

對於弱小的敵人，應設法圍困他們。數量少的敵人力量雖弱，但行動更加靈活，如果讓他們逃脫後又窮追遠趕，那是很不利的。

✐戰國時期，西元前 262 年，秦國攻打韓國，韓桓惠王派使者去見秦昭王，請求獻出上黨來換取秦國退兵。然而，上黨的郡守馮亭不願意降秦，他準備把上黨的十七座城池全獻給趙國，挑起秦、趙之間的矛盾，從而借助趙國的力量抗秦。

我們君主說了，只要大王您退兵，上黨從此以後就是您的地盤了！

哦？這個提議還不錯，寡人准了。

哼！想讓我拱手讓出上黨？

我要把上黨獻給趙國！秦國想要，就跟趙國要去吧！

✐趙孝成王找眾人商議此事，平原君趙勝表示這是好事。

正常情況下，我們趙國發動百萬大軍攻打幾年，也未必能攻下一座城池

趙孝成王

趙勝

如今大王您只要點點頭，就能坐擁十七座城池！這是大利，絕對不能錯失。

可是如果我們接收上黨，秦國必然會派大將白起來攻，到時候誰能抵擋他？

我曾經和白起有一面之緣，從面相上看，白起是一個殺伐決斷的狼人，我們只能與他相持，難以與他爭鋒。

但我們有廉頗將軍，他勇猛善戰又愛惜士卒，還能夠忍辱負重，雖然野戰打不過白起，但守城足矣。

於是趙孝成王派趙勝去上黨接收城池，同時派廉頗到長平駐守，防備秦軍來攻。趙國接收上黨後，秦昭王果然大怒，決定派大軍先奪上黨，再攻趙國。不過，秦國派出的將軍並不是白起，而是王齕。

王齕

區區趙國也敢來壞我好事！發兵！馬上發兵！

是！

面對來勢洶洶的秦軍，上黨的百姓十分畏懼，紛紛逃到了趙國境內，趙國派軍隊在長平接應並安頓他們。秦軍輕鬆地佔領了上黨。

哼！你們趙國人給我等著！

大家放心，過了這裡就是趙國地界了，大傢伙安全了！

西元前 262 年，秦國向長平發起了攻擊。由於趙軍節節敗退，廉頗率軍撤到了丹水東岸，修築圍牆壁壘，堅守不出。

這樣下去還打什麼啊？難道要我御駕親征？

大王，恕臣直言，您自己上也沒什麼用，不如派出地位高的使臣攜帶重禮去找秦國求和。

✍另一位大臣虞卿卻表示不能向秦國求和。

大王，不可啊！秦國現在是鐵了心要打我們，求和難以成功。

到時我們聯合他們共同抗秦。當秦國畏懼各國聯手，才有退兵可能。

與其向秦國求和，倒不如去討好楚國、魏國。

✍結果趙孝成王沒有聽虞卿的建議，還是派了使者去秦國求和。而秦國為了欺騙趙國，大張旗鼓地迎接了使者，故意製造出秦、趙兩國即將和解的假象。這樣一來，其他國家就不會出兵救趙了。

大王……議和之事考慮得怎麼樣了？

喝酒的時候不談公事！來，喝酒！

在會面期間，秦昭王十分殷勤的接待趙國使者，但就是不談正事，只是一味的拖延時間。

與此同時，秦國的宰相范雎派間諜攜帶千金，到趙國散布起了謠言。

趙奢是趙國名將，曾在閼與之戰中大破秦軍，他的兒子趙括從小就學習兵法，父子倆交談，沒什麼問題能難倒趙括。但趙奢卻說趙括學得不好，因為他只重理論，不重實踐，總喜歡「紙上談兵」。

✏️ 趙孝成王急於扭轉戰局，對廉頗堅守不戰十分反感，他聽了謠言後信以為真，把趙括找來問他能不能擊敗秦軍。

秦國要是派白起來，我還要考慮一下如何應對，但現在來的是王齕，我打敗他根本不在話下！

於是趙孝成王立馬派趙括去接替廉頗為主將，大臣藺相如和趙括的母親都極力勸阻，但趙孝成王就是不聽。

✏️ 趙括上任後，立刻按照自己的想法全盤更改軍中法令，調動各級官吏，一改堅守策略，開始主動找秦軍打仗。

你們這些保守派不進攻就待一邊去！別妨礙我們主動出擊！

對對對！我們要進攻！

秦國見趙國真的讓趙括接替了廉頗，就暗地裡派白起奔赴前線接替秦軍主將的位置，讓王齕改任副將，同時嚴令全軍保守換帥的秘密，誰敢走漏消息，格殺勿論！

趙括不知道秦軍已經換帥，派兵攻打秦軍。白起命令軍隊假裝敗退，誘敵深入。趙括還以為秦軍不堪一擊，下令追擊，一直追到了秦軍的營壘。

秦軍堅守營壘，趙軍久攻不克。就在趙軍一籌莫展之際，身後突然傳來了震天的喊殺聲……原來，白起早就派了一支兩萬五千人的部隊繞到了趙軍後方，斷絕了趙軍的歸路，又派了五千騎兵將趙軍攔腰斬斷為兩截，令其首尾不能相顧。

不好！領兵的竟然是白起，我上當了！

殺！

殺！

殺！

打亂趙軍的陣形後，白起派出輕裝精兵多次進攻。趙軍抵擋不住，趙括只好下令軍隊就地安營築壘，等待救援。然而，白起早已派兵切斷了趙軍的糧道。

快！快築好防禦工事，堅守至援軍到來！

秦昭王得知趙軍糧道被斷，還親自跑到河內郡徵召十五歲以上的青壯年編組成軍調至長平，加大對趙國糧草和援兵的攔截力度。

趙軍被團團圍困在營壘中，援兵幫不著，糧草過不來，久而久之，許多人都被餓死了，軍中甚至出現了士卒自相殘殺而食的慘況。

你你你……你在幹什麼?!

將軍……他說他想洗個熱水澡，我好心助他……

趙軍斷糧的第四十六天，趙括將殘軍編為四支突圍部隊，輪番突圍了四五次，也沒有成功。於是趙括決定豁出去搏一把，他親自帶領部隊強行突圍，結果被秦軍射死。

橫豎是一死，不如最後一搏！

啊！

不好啦！將軍戰死了！

🖊趙軍傷亡慘重，主將也已經陣亡，剩下的士兵無心再戰，全部向白起投降。白起認為趙國反覆無常，如果不斬草除根，恐怕會有後患，於是他下達了一個極有爭議的命令：將四十萬趙國降卒全部坑殺，僅把年幼的二百四十人放回趙國。

這些老傢伙只會拖累你們，我替你們解決了，你們安心回國去吧！

🖊長平之戰的慘敗，使趙國幾乎被滅，舉國上下一片震驚。在長平之戰中，白起將趙軍分割包圍，截斷趙軍和外界的一切聯繫，然後再步步蠶食，這就是運用了「關門捉賊」的計策。

「關門捉賊」有好幾個近義詞，比如「關門打狗」、「甕中捉鱉」……

它們的核心思想都一樣：將敵人圍困於無法逃脫的絕境中，就能輕而易舉地將之打敗。

第二十三計
遠交近攻

形禁勢格，利從近取，害以遠隔。上火下澤。

　　如果受到地勢的限制和阻礙，則攻擊近處的敵人有利，攻擊遠處的敵人有害。這就是從《睽》卦裡「上火下澤」中悟出的道理。

✍戰國時期，魏國有位能言善辯的人才叫范雎，他志向遠大，想要輔佐明君成就一番大業。但他家境貧寒，出身低微，沒有覲見魏王的門路，只能先在大臣須賈的門下當一個門客。

✍西元前 284 年，燕、魏、秦、趙、韓五國聯手攻齊，把齊國打到僅剩兩座孤城。齊湣王逃亡後被殺，其子齊襄王繼位。危急存亡之際，齊將田單力挽狂瀾，以「火牛陣」大破聯軍，收復了七十多座城池。

✐齊國不僅因此免於滅亡，還迎來了強勢復興。齊國的再次崛起使魏國十分恐懼，須賈奉命出使齊國以示好。作為門客，范雎也跟著一起去了。

到了別人的地盤好好聊，別談壞了！

是！

✐齊襄王見到須賈，質問他魏國為什麼要當牆頭草，還說對於自己父親齊湣王的死，魏國也有責任。須賈不知道該怎麼回答，只能唯唯諾諾地任由齊襄王痛罵，結果范雎看不下去了，挺身而出。

齊湣王驕橫暴虐、貪得無厭，當年五個國家都討厭他，又豈止一個魏國？大王您是有功績的明君，應該放眼未來，重振齊國雄風，而不是斤斤計較以前的恩怨。

只責備別人而不自我反思，恐怕會重蹈齊湣王的覆轍！

✐齊襄王聽了范雎的話，覺得他有理有據，不卑不亢，不僅沒有發怒，反而十分賞識他，當晚就派人勸說他留在齊國效力。范雎義正詞嚴地拒絕了。

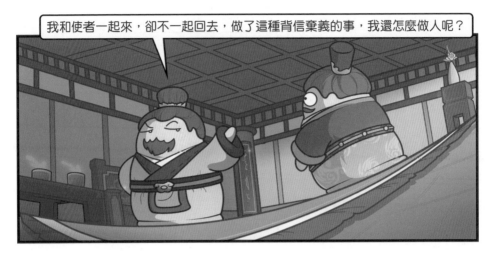

我和使者一起來，卻不一起回去，做了這種背信棄義的事，我還怎麼做人呢？

✐齊襄王見范雎如此忠信，更加敬重他了，賞賜他一些黃金和酒肉。范雎以公務在身，不敢收禮推辭。須賈卻命令他收下酒肉，免得掃了齊襄王的興。

放肆！大王給你賞賜你就收著，不要不識抬舉！

✐范雎不知道的是，他在齊國出盡風頭，讓須賈十分嫉妒。須賈之所以讓范雎收下禮物，其實是想陷害他。

回到魏國後，須賈立刻向魏國宰相魏齊誣告，說范雎私收賄賂，暗通齊國，圖謀不軌。魏齊信以為真，把范雎抓來嚴刑拷打。范雎牙齒被打掉，肋骨被打斷，血肉模糊，奄奄一息。

為了活命，范雎只好裝死。魏齊讓人把「屍體」用草席裹住扔到了廁所裡，還讓賓客們在上面撒尿，以此殺雞儆猴。

等眾人散去後，范雎想盡一切辦法，歷經千辛萬苦，終於驚險地逃到了秦國。

到了秦國後，范雎托人向秦昭王舉薦自己。秦昭王向來討厭說客，以為范雎也是言談浮誇、不切實際的人，就安排他住在館舍，只提供粗茶淡飯給他。就這樣過了一年多，范雎再也坐不住了，於是向秦昭王上書自薦。

臣有治國良策，但只能面談，不能托人轉達。請大王給臣一個機會，如果大王您覺得臣說得不好，臣立刻以死謝罪。

秦昭王收到信，很欣賞范雎的魄力，便同意范雎進宮觀見。范雎到了宮殿門口，直接就往內宮闖，宦官生氣地呵斥了他一頓。

走開，大王就要來了！

秦國哪有王，不是只有太后和穰侯嗎？

這傢伙……看來還真是不簡單呢！

當時，秦昭王的母親宣太后和舅舅穰侯魏冉權力很大，秦昭王聽到范雎的話，知道他是故意激自己，更加覺得此人不簡單。

於是秦昭王親自出來迎接范雎，一番客套後，秦昭王喝退左右，跪著向范雎請教，結果范雎卻莫名其妙地回答「嗯嗯」。於是秦昭王又問一遍，范雎又以「嗯嗯」敷衍。如此反覆三次之後，范雎確認秦昭王是真心求教，才終於開口獻策。

秦國實力雄厚，軍隊強大，但十五年來卻閉關自守，不敢向東奪天下，這是戰略大方向出了差錯。

之前穰侯越過韓、魏兩國去進攻齊國，是大失策。他原本想讓韓、魏協助我們，從而讓我們減少出兵。

但事實上，韓、魏兩國與我們並不親近，越過他們去進攻齊國，這能行嗎？

類似的錯誤，以前齊國也犯過。齊湣王攻打楚國，明明已經大敗楚軍，斬殺楚將，在很多地方打了勝仗，最終卻連一丁點土地也沒得到。是齊國不想得到土地嗎？是形勢迫使它無法佔有土地啊！

齊國千里遠征，軍隊疲憊，國力衰弱。五國趁此機會聯手攻齊，一度將它逼到了滅亡邊緣。

齊國大敗的原因，就是耗盡兵力，強行攻打遠方的楚國，使近處的國家漁翁得利。

這就好比把兵器借給強盜，把糧食送給竊賊。

依臣之見，大王應該採取「遠交近攻」的戰略，也就是和距離遠的國家保持良好關係，先攻打那些距離近的國家。

反之，放棄攻打鄰國而攻打遠邦，就算打贏了，也難以接收那些孤懸在外的城池；即使成功接收，也難以長治。

遠交近攻，打下一寸，秦國就能擴張一寸；打下一尺，秦國就能擴張一尺。

如今，韓、魏兩國距離秦國最近，要打就該先打他們。

同時，和遠處的國家搞好關係，楚國強大就親近趙國，趙國強大就親近楚國。

楚國、趙國都親近我們，齊國必然害怕，也會主動向我們示好。

🖉聽完范雎的分析，秦昭王感覺醍醐灌頂，立刻將范雎拜為客卿，與他商議用兵大事。

沒多久，秦國就出兵攻打魏國，奪占了懷邑。兩年後，秦國再次伐魏，又奪取了邢丘。

隨著秦軍凱歌高奏，范雎更加受到秦昭王的信任。

秦昭王聽完范雎所說，只覺得脊背發涼，他痛下決心，廢了太后，將穰侯等權臣驅逐出了國都，並拜范雎為相國。

魏國人對范雎出任秦相一無所知，還以為范雎早就死了。為了向秦國求和，魏國派須賈出使秦國。見到老仇人後，范雎先隱藏身分，自稱現在當奴僕為生。須賈覺得范雎是被自己害成了這樣，既愧疚又可憐他，便送了一件自己的袍子給他。

唉，你如今落得這般境遇，我也有責任，這袍子你拿著吧！

等到須賈去觀見，他才震驚地發現，原來自己要見的秦相就是范雎！

范……范雎？

✎范雎讓人搬來一槽牲畜吃的飼料，命人給須賈「夾菜」，又說看在他送自己袍子的分上，可以饒他一命，讓他回去告訴魏王，趕緊把魏齊的人頭送來，不然就踏平魏國都城大梁！

須大人啊！我先留你這條狗命，你回去讓你們大王把當年對我用刑的那個魏齊交出來！

是……是……

✎魏齊聽到消息後十分害怕，逃到了趙國。後來秦國攻打趙國時，秦昭王有心替范雎報仇，就讓趙孝成王交出魏齊。於是趙孝成王立刻派人去抓魏齊。魏齊連夜逃跑，最終在窮途末路中自盡。趙孝成王派人把魏齊的首級送到秦國，范雎終於報得大仇。

參見秦王，魏齊首級在此！

與此同時，秦國繼續推行遠交近攻的戰略，大舉進攻韓國。在短短幾年裡，秦國就奪占了韓國幾十座城池。

范雎提出的「遠交近攻」思想，不僅為秦國的擴張稱霸提供了具體的指導方針，也為後世在軍事和外交領域斡旋留下了非常經典實用的策略。

假道伐虢

第二十四計

原文

兩大之間，敵脅以從，我假以勢。《困》，
有言不信。

對於地處兩個大國之間的小國，當敵方脅迫其屈服的時候，我方要以援助的姿態藉機滲透自己的勢力。對於處於困境的國家，只放空話而無實際的援助，是無法取得其信任的。

春秋初期，晉昭侯將曲沃封給了自己的叔父成師，成師因此被稱為「曲沃桓叔」。但曲沃比晉國的都城翼城還要大，這明顯違背了當時的等級制度和君臣禮儀。曲沃桓叔坐擁這樣一座大城，野心日漸膨脹，產生了篡權奪位的想法。

西元前 739 年，晉昭侯被人殺害，曲沃桓叔趁機攻打翼城，但被打敗，又退回了曲沃。自此，曲沃與翼城公開敵對，晉國形成了兩個政權並立的局面。

經過六十多年的內鬥，曲沃一脈的曲沃武公攻陷翼城，統一了晉國。他用金銀珠寶賄賂周天子，使周天子承認了他晉國國君的合法身分，後世稱其為「晉武公」。

晉武公去世後，其子晉獻公繼位。為了防止親戚奪位的事情在自己身上重演，晉獻公下令將曾祖父曲沃桓叔和祖父曲沃莊伯的其餘子孫全部誅殺。

為了活命，不少晉國公子都逃到了虢國避難。虢國是晉國附近的一個小國，當年晉武公攻打翼城，虢國聯合了其他幾個小國一起攻打曲沃。

✍這次虢國收留了一批晉國公子，又藉故攻打晉國，不過沒有打贏。晉獻公想反攻虢國出一口惡氣，但一位大臣認為時機尚不成熟，勸住了他。在接下來的幾年裡，晉國大規模擴軍練兵，連續攻打了三個小國。

這個虢國！什麼意思！寡人要好好收拾它！

哼！小小虢國，寡人很快就來跟你算這筆帳！

大王，現在時機不成熟！我們從長計議啊！

✍西元前 658 年，晉獻公覺得時機已到，準備發兵討伐虢國。此時一個難題擺在了他面前：晉國和虢國並不接壤，二者中間還有一個小國——虞國。

晉國想要攻打虢國，必須經過虞國的地盤，要是虞國出兵阻攔或者和虢國聯手攻晉，事情就麻煩了。

🖋為了使攻虢計畫順利進行，晉國大夫荀息向晉獻公獻上了一計。

虞國的國君貪財好利，您可以把我們晉國的寶馬和美玉送給他，讓他借道給我們。

這可都是寡人最心愛的寶貝啊！萬一虞君收了寡人的禮物，又不肯借道，那寡人豈不是虧大了？

這些東西本該是小國進獻給大國的，如今我們作為大國，反過來送禮給小國，虞國如果不想借道，就絕對不敢收；若收了禮物，就一定會借道給我們。

大王可以把這些寶物當作只是從國庫裡取了出來，暫時讓虞國替您保管，等我們滅了虢國，再順手把虞國也滅了，寶物不就物歸原主了？

但虞國的大臣宮之奇才智過人，必然會看破我們的計謀，他一定會勸阻虞君，使我們的計畫落空。

非也！宮之奇雖心如明鏡，但性格軟弱，因此他不會拼命勸諫。

宮之奇

再加上他比虞君大不到幾歲，他說什麼，虞君也不會鄭重對待。

對虞君而言，喜愛的珍寶就在眼前，而虞國的災禍在虢國之後，還比較遙遠。我料定以虞君的水準，是看不透其中的利害關係的。

晉獻公認為荀息說得有道理，就派他帶著寶馬和美玉去虞國借道。
虞君收到禮物後，果然大喜，不僅同意借道，還表示願意幫晉國當
先鋒，由虞國先去攻打虢國。

好好好！打虢國就交給我們了！

宮之奇見虞君被寶物的誘惑沖昏了頭腦，趕緊站出來勸阻他。然
而虞君根本不聽，一意孤行要發兵伐虢。

大王，晉國的使者言辭謙卑，帶來的禮物又很貴重，
一定有所圖謀，這事恐怕對虞國沒有好處！

不久後，荀息等人帶著晉軍和虞軍會師，一起攻打虢國，奪下了下陽。經過此戰，晉國不僅控制了虢、虞之間的一塊戰略要地，還摸清了虢、虞兩國的兵力虛實。

幾年後，晉獻公故技重施，再次向虞國請求借道攻打虢國。虞君又打算同意。這次宮之奇不能忍了，他一臉嚴肅地勸諫虞君不要答應晉國。

國君啊！輔車相依，唇亡齒寒。虢國和虞國的關係，就像嘴唇和牙齒一樣相鄰相依，一旦虢國滅亡，虞國也就難以獨存了！不能助長晉國的野心，借道一次已經很過分了，豈能再來一次？

可晉國和我們同宗，怎麼會謀害我們呢？

那晉獻公是個什麼人？他為了坐穩國君大位，能把曲沃桓叔和曲沃莊伯的其他後裔殺個乾乾淨淨，這些可都是他的親人啊！晉國和虞國表面上再親近，難道還能比親人之間的血緣關係更親嗎？親人威脅到了自己的利益，晉獻公都說殺就殺，何況一個對他有威脅的國家呢？

哎呀！就算晉國來攻我也不怕，因為我一直用豐盛的祭品祭拜神明，神明一定會保佑我！

臣聽說神明不會親近誰，只會保佑有德行的人。按照您的邏輯，假如晉國滅了虞國，再用更豐盛的祭品去祭拜神明，難道神明會不享用嗎？

到時候神明保佑的就是他們了。

你！

✍宮之奇苦口婆心說了半天，最終虞君還是沒有聽勸，答應了晉國的借道要求。宮之奇預見到虞國即將大難臨頭，就帶著妻兒逃去了曹國。

唉！虞國沒救了！我們走吧！

✍不久，晉軍浩浩蕩蕩地從虞國借道而過，很快就徹底滅掉了虢國。晉軍得勝班師途中，又以軍隊需要休整為藉口，請求在虞國駐紮。虞君仍然沒多想，一口答應下來。

我們累了，去你家休息一下沒意見吧？

客氣啦客氣啦！您裡邊請！

不料，晉軍突然發難，大舉進攻虞國守軍。毫無防備的虞軍被打得大敗，虞國隨之淪陷，虞君淪為俘虜。此外，荀息也找到了當年自己獻給虞君的寶馬和美玉。

你可真好客啊！哈哈哈哈！

玉還是原來的樣子，而馬的牙齒卻長長了。

「假道伐虢」是一個非常經典的歷史故事。晉國表面上只針對虢國，暗地裡卻打著一石二鳥的算盤。他們先送寶物安撫虞君，之後出其不意地攻滅虞國，將寶物全部奪回，這就是所謂「將欲取之，必先予之」。

虞君只看到眼前的利益，沒有看到唇亡齒寒的長遠禍患，最終淪為了千古笑柄。

偷梁換柱

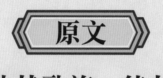

頻更其陣，抽其勁旅，待其自敗，而後
乘之，曳其輪也。

　　讓敵人頻繁變動陣容，調開精銳部隊，等待其自趨失敗，然後乘機取勝，這就像拖住了大車的輪子，大車就不能運行了一樣。

秦始皇在統治後期，常為生老病死而發愁，他覺得自己雖然一統天下，但如果死了，雄圖霸業也會化為烏有。由於秦始皇非常討厭談論死亡，所以群臣平時不敢提跟死有關的事，即使秦始皇沒有公開冊立過繼承人，群臣也不敢多嘴去問。

為了不死，秦始皇迷戀上了方術，試圖尋求「長生不老之法」。方術士們為了討好秦始皇，謊稱海外有仙人，仙人有仙藥，吃了仙藥就能長生不老。於是，秦始皇給了他們很多財物，資助他們去尋仙求藥。

一名叫盧生的方術士求仙歸來，他沒有求得仙藥，卻向秦始皇獻上了一本占卜命數的書，書裡寫著一則預言——「亡秦者胡也」。

秦始皇以為「胡」指的是北方的胡人（匈奴），就派將軍蒙恬率三十萬大軍北上擊胡，並命蒙恬駐守北疆修築長城，以絕後患。

✎日子一天天過去，找仙藥的事還是毫無進展，盧生便又來忽悠秦始皇。

✎秦始皇聽信了盧生的話，下令誰敢洩露自己的行蹤，便殺無赦，然後就開始秘密出巡。

✎秦始皇一通折騰，找仙藥的事還是毫無進展。盧生和朋友侯生聚在一起，批評起了秦始皇，說他殘暴不仁又貪戀權力，這樣的人不配得到仙藥。隨後，兩人就逃出咸陽，遠走高飛了。

秦始皇得知此事，瞬間暴怒，他覺得自己對盧生等人那麼好，他們竟然反過來誹謗他。於是秦始皇命人將咸陽諸生全部抓起來審問，誓要找出二人的「同黨」。諸生畏懼，互相告發以求自保。

最終有四百六十多人被定罪，秦始皇下令將他們全部坑殺。但長子扶蘇勸諫秦始皇，說天下剛剛安定，用酷刑殺人可能會導致人心不安。結果秦始皇不聽，還遷怒於扶蘇，把他發配到了北方監督蒙恬修長城。

✎扶蘇為人忠孝寬仁，最看不慣奸佞小人，只喜歡一身正氣的忠臣，他與蒙恬一見如故，兩人的關係日漸親密。

✎由於蒙恬才華出眾，深得秦始皇寵信，連他的弟弟蒙毅也被提拔為了上卿。蒙毅在朝中處理政務，廉潔奉公，剛正不阿，滿朝文武都很敬佩他。後來秦始皇越看蒙毅越順眼，外出時甚至會叫他同乘一輛車侍奉自己，不離左右。

不過，並非人人都喜歡蒙氏兄弟——宦官趙高就是個例外。趙高本來在宮內擔任雜役，秦始皇聽說他精明強幹又精通法律，就提拔他為中車府令，掌管皇帝車輿，還讓他教自己的少子胡亥判案。

可惡，陛下又帶著蒙毅那個傢伙出去了！

趙高，你幹嘛呢？快過來幫我看看這案子怎麼判！

有一次，趙高犯下了大罪，蒙毅秉公執法，準備判他死刑，但秦始皇顧念舊情，免了趙高的死罪。

哎呀呀！蒙愛卿啊！這次就放過小趙吧！

這事過後，趙高恨透了蒙毅，一直想找機會報復他。

✎西元前 210 年，秦始皇在第五次出巡的途中得了重病，於是他讓隨行的蒙毅折回會稽，為自己祈福。

✎秦始皇病得越來越重，雖然他一直幻想長生不死，但他也清楚自己這次真的是大限將至，當務之急是趕緊立儲，把大業託付給後人。按照嫡長子繼承皇位的傳統，長子扶蘇是不二人選。

於是，秦始皇叫來趙高，讓他代擬一道詔書給扶蘇，讓扶蘇回咸陽主持喪事，這等於明確了扶蘇繼承人的身分。

陛下，這藥您怎麼沒喝？

現在除了仙丹，什麼藥都無用了⋯⋯快把扶蘇從北方召回來，朕怕是堅持不了多久了⋯⋯

詔書封好後，秦始皇讓趙高火速寄出。趙高假裝答應，卻根本沒把詔書交給信使。原來，扶蘇向來看不慣趙高逢迎諂媚的作風，趙高擔心扶蘇繼位後收拾自己，就想扣壓遺詔，偷偷改立和自己親近的胡亥為秦始皇的繼承人。胡亥昏庸無知，趙高很容易控制他。

哼，召回扶蘇？那還有我好果子吃嗎？我可不傻！

不久後，秦始皇於沙丘駕崩。丞相李斯擔心皇帝死於宮外，引發皇子爭位，天下大亂，決定祕不發喪。他命人將秦始皇的棺材放在車中，繼續每天進獻食物、稟奏政事，就像秦始皇還活著一樣。

陛下，這是今天的膳食和需要處理的政務！

朕知道了。

如此一來，除了隨行的胡亥、李斯、趙高，以及五六名寵臣外，沒人知道秦始皇已經死了，更不知道秦始皇立了扶蘇為繼承人，這就給了趙高一個傳假詔的絕佳機會。

一天傍晚，趙高帶著扣壓的遺詔來見胡亥，勸他取代扶蘇登基。胡亥早就想當皇帝，但又覺得這事難度很大，不禁嘆息。趙高表示可以找丞相李斯商量。

這事能不能成，要看丞相李斯的意思。

趙高立刻動身找到李斯，開門見山的說出了自己的想法。

陛下的死訊外人都不知道，給大公子扶蘇的詔書和符璽都在胡亥公子那裡。

李斯

定誰當太子，全憑丞相和在下說了算！這事怎麼定呢？

李斯聽出了趙高想改立太子的話外音，大驚，隨即怒斥趙高大逆不道。結果趙高早有準備，他不正面回應，而是話鋒一轉，連問了李斯五個問題。

你怎麼敢說這種大逆不道的話？！這不是為人臣子該議論的事情！

您和蒙恬將軍比起來，誰能力更強？誰謀略更多？誰功勞更高？誰更得人心，差評更少？誰和扶蘇更有交情，更受信任？

✐李斯想了想，承認自己不如蒙恬，於是趙高又表示自己並非想批評李斯，而是在為他的前途擔憂。

這五方面，我都不如蒙恬，但你為什麼要拿這些事來狠狠批評我呢？

您想想，如果扶蘇繼位，必然讓蒙恬取代您擔任丞相，到時候您還能善終嗎？胡亥公子慈仁敦厚，又禮賢下士，實在是繼承皇位的最佳人選。希望您好好考慮，早做抉擇！

✐原來，趙高早就看准了李斯出身窮苦，如今位極人臣，享受榮華富貴，最擔心的就是自己的前途，所以才以此要脅他。李斯雖然內心十分掙扎，卻仍想堅守臣子之道，他表示自己遵奉先帝遺詔，不願意傳假詔成為罪人，讓趙高別再說了。

你你你……你別再說了！我是不會答應的！

趙高哪肯乖乖閉嘴，又以「做人要隨機應變」等一堆理由大肆詭辯，
但任憑趙高招數用盡，李斯依然不肯就範，於是趙高只好惡毒的威
脅李斯。

如果丞相放棄機會不聽從於我，一定會禍及子孫！聰明人
可以轉禍為福，請丞相謹慎考慮一下該怎麼做吧！

李斯痛哭流涕，仰天長嘆，最終依從了趙高，二人假稱受了秦始
皇的遺詔，立胡亥當了太子。

陛下已經下旨，即刻起，立胡亥公子為太子！

✎接著，他們派心腹使者將偽造的遺詔送到了扶蘇手中。

扶蘇和蒙恬守邊多年，卻沒有為國家開疆拓土立下功勞，扶蘇「為子不孝」，賜劍自裁；蒙恬「為臣不忠」，也要賜死。

✎單純的扶蘇接到詔書後，如晴天霹靂，大聲痛哭著回到屋內就要拔劍自殺。蒙恬老辣一些，覺得他和扶蘇率領三十萬大軍把守邊疆，肩負著天下重任，不可能僅憑一個使者和一封詔書就要賜死，其中必然有詐。

公子且慢！我覺得此事有蹊蹺，不如再請示一下，如果是真的，再自殺也不遲。

父親命令兒子自殺，還有什麼可再請示的？

在使者不斷的催促下，心如死灰的扶蘇揮劍自殺，蒙恬內心疑慮，不肯自殺，於是使者命人將他囚禁。

把他看緊了！不許讓他踏出這裡一步！

另一邊，蒙毅祈福歸來，趙高想報當年的仇，就向胡亥進讒言。胡亥果然信以為真。

其實先帝本來就想立您為太子，都怪蒙毅整天說您壞話，才壞了您的好事。

哼，那就把他給我關起來！讓他們兄弟倆在牢裡團聚！

除掉幾大眼中釘後，趙高等人命令車隊日夜兼程趕回咸陽。由於天氣炎熱，秦始皇的屍體很快就腐爛了，一陣陣惡臭從車中傳出。為了掩人耳目，他們買來一堆鮑魚，用鮑魚的氣味來掩蓋屍體的臭味。

回到咸陽後，胡亥布告天下登基為帝，是為秦二世。李斯繼續擔任丞相，趙高被封郎中令，成了胡亥最親信的寵臣。

恭喜新皇登基！　　　　　　　　恭喜新皇登基！

之後，趙高和胡亥繼續殘害忠良，剷除異己，蒙毅、蒙恬先後被冤殺。胡亥殘殺了一堆兄弟姐妹，而趙高更是陷害了許多大臣，連李斯也被趙高誣告謀反，慘遭夷滅三族。

沙丘之變是歷史上非常著名的一次「偷梁換柱」事件，趙高與胡亥密謀，裏挾李斯矯詔，一起更改了皇位繼承人的人選。不過，胡亥並沒有在「偷」來的皇位上坐太久，在他和趙高的禍害下，秦朝很快就走上了衰敗滅亡之路。

指桑罵槐

大凌小者，警以誘之。剛中而應，行險
而順。

　　強大者欺凌弱小者，要用警告的方式加以誘導。主帥剛強中正就會上下相應，行於險地也會順利。

✍️戰國時期，齊桓公為了招賢納士，在齊都臨淄的稷門附近設立了一所官辦高等學府──稷下學宮。我國思想史上的「百家爭鳴」，就是以稷下學宮為中心興起的。

稷下學宮在鼎盛時期彙集了天下賢士上千人，其中著名的有孟子、荀子、鄒子、申子、淳于髡等。

✍️這些賢士在勸諫君主時，往往都比較含蓄，不會把話說得太直白，而是用隱喻、暗示來點醒對方。

大王，就那個，你懂的……

哈……哈哈……懂……懂！

齊威王執政初期，沉迷於酒色，每天只顧享樂，國家大事都被他荒廢了，群臣都不敢直言勸諫，害怕因惹怒他而獲罪。

淳于髡不忍看齊威王繼續墮落，就對他說了一番頗有深意的話。

🖋齊威王思考了一下子，恍然大悟，明白淳于髡是用這只意志消沉的鳥比喻自己。

它不飛則已，一飛沖天；不鳴則已，一鳴驚人！

🖋從此，齊威王振作精神，勤於政務，勵精圖治，使齊國再次強大起來。這就是成語「一鳴驚人」的由來。

看萌漫學智慧

🍃西元前 **349** 年，楚國出兵攻打齊國，齊威王給了淳于髡百斤黃金和十套車馬，讓他去趙國求援。淳于髡見了禮品，仰天大笑，把繫帽子的帶子都笑斷了。

✍齊威王聽了，知道淳于髠在暗諷禮品寒酸，趙國不會答應出兵救援，就將贈禮增加到「黃金千溢，白璧十雙，車馬百駟」。

✍淳于髠帶著重禮來到趙國，交涉果然十分順利，趙王借給他十萬精兵和一千輛戰車。

齊威王去世後，其子齊宣王繼位，他也喜歡向名士請教，但不像父親那樣總是從諫如流。齊宣王聽到逆耳忠言，有時候會痛悔改過，有時候卻只當耳旁風。某天，齊宣王和淳于髡談論個人喜好。

古代君王喜歡四種東西，而大王您只喜歡三種東西。

哦？此話怎講？

古代君王愛寶馬，大王也愛寶馬；古代君王愛美食，大王也愛美食；古代君王愛女色，大王也愛女色。唯獨不同的是，古代君王愛賢才，大王卻不愛賢才。

國內根本沒有才德出眾的大賢，如果有，我怎麼會不喜歡呢？

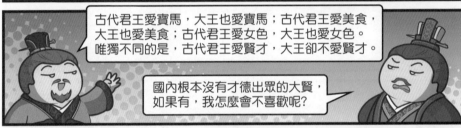

古時有騏驥那樣的千里馬，如今沒有，大王不惜重金派人尋找，可見大王真的愛馬。古時有豹象的嫩肉，如今沒有，大王命人挑選各種山珍海味，可見大王真的愛吃。

至於賢才，大王卻不主動尋找，要等到堯舜禹湯那樣的大賢自己出現，然後才去喜歡。

啊，這⋯⋯

✐沒多久，淳于髡就向齊宣王推薦了七位賢能之士。齊宣王無比驚訝。

我聽說大賢和聖人，千百年也難尋一個，你一天就找來了七個，賢士是不是太多了啊？

大王此言差矣！同類的鳥總是棲息在一起，同類的野獸總是結伴而行。柴胡、桔梗之類的藥材，在窪地一輩子也找不到……

但如果去山上找的話，一找就是一整車。

我姑且也算個賢士，讓我舉薦人才，就像在河中取水一樣簡單。我還要繼續向您推薦賢士，何止這七個！

後世根據淳于髡的這番話，引申出了俗語「物以類聚，人以群分」。

齊宣王曾經大興土木，修建宮室，其規模之大，修了三年都沒修完。

宮室不豪華一點，怎麼配得上寡人的身分呢？

群臣怕得罪齊宣王，都不敢勸阻。大臣春居覲見齊宣王，質疑了他。

楚王拋棄了先王的禮樂，音樂因此變得輕浮了，請問楚國算是有賢明的君主嗎？

春居

當然不算有賢主。

楚國號稱賢臣數以千計，卻沒有人敢勸諫，請問楚國算是有賢臣嗎？

呃……也沒有賢臣。

如今大王修建大宮室，占地超過一百畝，光是廳堂就有三百個房間。以齊國這樣的大國實力，修了三年還沒有修成。

如此勞民傷財，群臣卻沒有敢勸阻的，請問齊國算是有賢臣嗎？

✍齊宣王一愣，知道春居只問齊國有沒有賢臣，卻沒問有沒有賢主，是給自己留了面子。他叫來記事的官員，將此事記下。

寫上！我不賢德，喜好修建大宮室，是春居勸阻了我！

遵命！

大王聖明！

✍孟子一生遊歷諸國，他在齊國時，經常向齊宣王講述治國之道，勸他施仁政，愛護子民。

恭迎孟老先生！

有禮了！有禮了！

但對於孟子的勸諫，齊宣王有時聽，有時不聽。於是有一次，孟子深入地問了齊宣王幾個問題。

孟老先生但問無妨。

遵命！

有位大臣要去楚國，臨行前把妻兒託付給朋友照顧，結果他回來時，竟然發現妻兒一直在忍凍挨餓，您說對這種朋友該怎麼辦？

當然要和他絕交！

那我再問您一個問題：有一個掌管法紀的官員，連自己的部下都無法約束，您說對這種官員又該怎麼辦呢？

當然要撤他的職！

那如果是一個君主，卻治理不好國家，使百姓不能安居樂業，您說這又該怎麼辦呢？

看萌漫學智慧

齊宣王面露難色,他看看左右的大臣,故意把話題扯到別處去了。
這就是典故「顧左右而言他」的由來。

淳于髡、春居、孟子,都是深諳「語言藝術」的大師,他們透過「指桑罵槐」的方式,委婉而巧妙地勸諫齊國君主,實在讓人拍案叫絕。

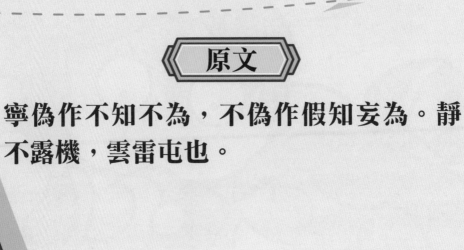

寧偽作不知不為，不偽作假知妄為。靜不露機，雲雷屯也。

　　寧可假裝什麼都不知道而不採取行動，也不要假裝知道而輕舉妄動。要冷靜沉著，藏而不露。這是從《屯》卦象辭「雲雷，屯。君子以經綸」一語中悟出的道理。

📝 三國時期，西元 239 年，魏明帝曹叡病重，他叫來被自己視為左膀右臂的兩位重臣——司馬懿和曹爽，讓兩人共同執掌朝政，輔佐年僅八歲的太子曹芳。曹芳登基後，司馬懿任侍中，曹爽任大將軍。

吾皇萬歲！

吾皇萬歲！

按照東漢末年的正常官制，最高的官位是太傅，但不常設，且多為虛銜；其次是大司馬，然後是大將軍，接下來才是「三公九卿」。

📝 曹爽比司馬懿官位高，是因為他父親曹真曾官至大司馬。曹真病逝後，曹爽作為長子繼承了父親的爵位。不過司馬懿因為年紀較高，且功勳卓著，在朝中很有威望，曹爽對他就像對父親一樣恭敬，處理政務也和他商量，不敢獨斷專行。

侍中大人，這些政務不知道您怎麼看？

✐後來，曹爽任用了一群野心勃勃的幕僚，這幫人一邊吹捧曹爽，一邊慫恿他獨攬大權。久而久之，曹爽也覺得司馬懿十分礙眼。

✐曹爽既想奪權，又不想受人非議，於是採用幕僚的計策，上表皇帝封司馬懿為大司馬，使司馬懿在官位上高於他，顯得他很尊敬司馬懿。接下來他又操縱輿論，稱前幾任大司馬都死在了任上，這個官職不吉利，並請奏皇帝將司馬懿再升一級，封為太傅。

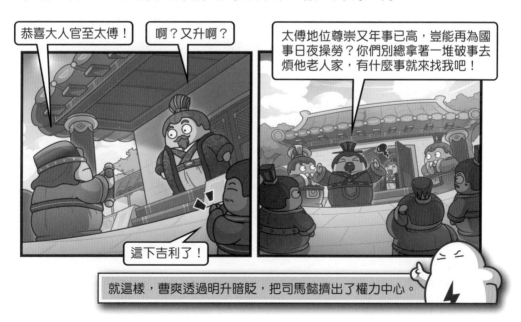

司馬懿的老朋友蔣濟，原本是護衛皇宮的禁軍最高統帥。曹爽故技重施，請奏皇帝把蔣濟升為三公之一的太尉，藉機奪去蔣濟的實權，將執掌禁軍的大權交給了自己的二弟曹羲。

於是司馬懿一派有實權的，就只剩下他的長子司馬師了。司馬師任中護軍，負責保衛魏都洛陽，還負責選拔中下級武官。司馬師在選拔武官時只看軍功，一改之前金錢鋪路、關係開道的歪風，有能力的軍士們都感激他、欽佩他，甚至願意以死相報。

🖋然而司馬師剛當了三年中護軍，司馬懿的妻子就去世了，司馬師不得不去為母親守孝。司馬師一走，曹爽做事就更加肆無忌憚了，他將太后遷到永寧宮，方便自己控制年幼的皇帝，然後樹立黨羽，擅改朝廷制度。司馬懿自此告病不出，不再過問政事。

🖋這下曹爽徹底放飛自我，經常帶著曹羲等人出洛陽遊玩。親信大司農桓範對曹爽進行了勸解，但曹爽認為桓範是杞人憂天，便沒有理桓範。

🖊直到一年後的某天，曹爽突然意識到，司馬懿可能是在裝病迷惑自己，於是他派李勝出任荊州刺史，臨行前以探病的名義，去司馬懿府上打探一下虛實。司馬懿見李勝來拜訪，拿起衣服讓兩個婢女伺候自己更衣，卻不慎把衣服掉到了地上。

🖊接著，司馬懿又指著嘴說肚子餓。婢女端來一碗粥，結果司馬懿卻端不住碗，粥都流出來沾到了他的胸口上。

李勝回去告訴曹爽，司馬懿命在旦夕，已經神志不清了。曹爽徹底放下心來。

大將軍放心吧，我看那司馬懿怕是命不久矣！

哈哈哈哈，如此甚好！

但實際上，司馬懿的病和糊塗都是裝出來的，他一直在暗中積蓄力量，準備找機會一舉扳倒曹爽。為了絕對保密，他只跟司馬師商議此事，其他家人、親信全都不知情。

249 年正月，先帝曹叡的祭日要到了，曹爽要帶著所有兄弟與皇帝離開洛陽，去高平陵祭拜。司馬懿認為時機已到，就在曹爽出發前一天晚上，叫來兩個兒子司馬師和司馬昭，跟他們說了政變計畫，並分配了任務。

明天機會就來了，你們去準備一下！

司馬昭

是，父親大人！

第二天早上，司馬懿府上突然集結了三千死士，大家都不知道他們是從哪裡冒出來的。原來，司馬師在選拔武官的幾年裡，悄悄培養了這三千死士，將他們散在各處，別人竟然對此毫無察覺。

行動開始後，司馬懿先親自帶人拿下了存放武器和盔甲的武庫，將三千死士全副武裝，大大提升了戰鬥力。

🖊隨後，司馬師帶領三千死士強行攻下了皇宮最重要的大門——司馬門。司馬昭則進入皇宮控制住太后，讓太后對外宣布：曹爽倒行逆施，司馬家不是造反，而是為國討逆。

🖊拿到政變的「合法聲明」後，司馬懿找來蔣濟與自己同乘一輛車，帶著幾個早就不滿曹爽專權的大臣，去接管曹爽兄弟統領的禁軍大營。蔣濟曾經掌管過禁軍，還和司馬懿一樣是曹魏四朝元老，威望頗高。禁軍將士見到老領導，紛紛選擇站在司馬懿這邊。

✍司馬懿就此掌握了全洛陽城的軍事力量，不過桓範還是趁亂逃出了城。

曹爽的智囊溜了！

即使桓範足智多謀，曹爽也不會聽他的。曹爽顧念城中的妻小和財物，就像劣馬貪戀馬棚裡的豆子飼料一樣。

✍桓範趕到高平陵，說自己帶來了大司農印，可以調動天下糧草，讓曹爽趕緊帶著皇帝回許昌，以皇帝的名義號召全國兵馬反攻。可曹爽卻猶豫不決，於是桓範又去勸曹羲。

就算是匹夫，抓住一個人質，也要拼命反抗以求活路，更何況你們兄弟手裡握著皇帝！

你哥哥猶豫不決，現在可全靠你啦！

在曹爽兄弟糾結之時，幾位大臣受司馬懿之托，帶著一個重磅消息來到了高平陵勸降。

司馬懿當著蔣濟等一眾魏國重臣的面，指著洛水發誓，他只奪你的權，不要你的命，如果你投降，仍保你榮華富貴。

在古代，指著山川起誓是極其莊重的事情。歷史上，東漢開國皇帝劉秀就曾指洛水為誓，放過了自己的殺兄仇人。

因此，司馬懿指洛水為誓，在人們看來是極有分量的承諾，再加上有蔣濟的親筆信為司馬懿作保，曹爽內心動搖，決定投降。

要不就投降了吧……

不可啊！大將軍，投了就是死路一條啊！

對於投降一事，桓範極力勸阻，他從晚上一直勸到第二天清晨，但曹爽仍覺得投降沒什麼大不了。最後桓範都被氣哭了，對著曹爽兄弟一頓痛罵。

曹真一世英雄，怎麼生了你們兩個蠢豬笨牛？現在我們要坐等別人來滅族了！

太傅只是想奪我的權，我投降了，仍能當一個富翁。

事實證明，桓範的預測是對的。曹爽投降後不久，司馬懿就以「意圖謀反」的大罪，屠滅了曹爽與其所有親信黨羽的三族。曹爽死不瞑目，蔣濟等大臣非常震驚。

司馬懿居然不顧一輩子攢下的名望和人脈，做出如此背信棄義之事，讓作保的大臣全部淪為幫兇，受人唾罵！

✍幾個月後，蔣濟在悔恨鬱悶中病死了。此後，司馬家權傾朝野，一手遮天。**254** 年，司馬師廢帝，另立新帝。**260** 年，司馬昭派人當街弒君，舉國譁然。**266** 年，司馬昭長子司馬炎逼迫魏帝禪讓，建立了西晉。

✍司馬氏的作為陰狠毒辣，在歷史上留下了千古罵名。但客觀來看，司馬氏能夠成功篡魏，最重要的一環就是「老戲骨」司馬懿「假癡不癲」，用完美的演技「詐病賺曹爽」……

第二十八計

上屋抽梯

假之以便，唆之使前，斷其援應，陷之死地。遇毒，位不當也。

　　故意露出破綻，給敵人提供方便條件，誘使敵人向前深入，然後切斷其支援和接應，使其陷入絕境。這是從《噬嗑》卦象辭「遇毒，位不當也」一語中悟出的道理。

🖌️東漢末年，荊州牧劉表身材高大，相貌堂堂，是遠近聞名的帥哥。長子劉琦繼承了劉表的高顏值，和他長得很像，因此十分受喜愛。

🖌️後來，劉表的原配夫人去世，他便續娶了荊襄豪族蔡氏家族的蔡夫人。劉表非常寵愛蔡夫人，對她幾乎百依百順。蔡夫人的弟弟蔡瑁才能平庸又很自大，按理說，這樣的人不該被委以重任，但蔡瑁沾著姐姐的光，還是在荊州擔任了許多要職。

看萌漫學智慧

在劉表的寵信下，蔡氏姐弟的權力和野心一天天膨脹，他們與劉表的外甥張允結成黨羽，屢屢干涉荊州的大小事務，為自己謀取私利。

多年後，劉表年事已高，蔡氏一黨就想把劉表的幼子劉琮扶上繼承人之位，以保證他們在未來還能繼續掌握權力，享受富貴。之所以選劉琮，不僅是因為他娶了蔡夫人的侄女，和蔡氏一黨關係親近；更是因為他年紀小，方便控制擺布。

✍為了讓劉表偏愛劉琮，蔡氏一黨成天吹噓劉琮的優秀。在家時，蔡夫人常誇劉琮懂事孝順，品德高尚；在外時，蔡瑁、張允猛吹劉琮才幹出眾，十分能幹。劉琮做了再小的好事，他們都要大肆宣揚；劉琮犯了再大的錯誤，他們也會想方設法遮掩。

琮兒平時對妾身可孝順了，是個好孩子！

公子遇事不慌，處理起事情來井井有條，像極了姐夫呀！

誰把我最心愛的花瓶打碎了？

都怪這個下人笨手笨腳的！

✍對於劉琮繼位的潛在競爭對手劉琦，蔡氏一黨早已將他視為敵人，經常在劉表面前說他的壞話。蔡氏一黨日復一日的「踩一捧一」，劉表真的受到影響，漸漸親近劉琮而疏遠劉琦。

聽說昨晚劉琦又花天酒地到天亮才回來……

這個逆子！

西元 200 年，曹操和袁紹相持於官渡，兩邊都想拉攏劉表助戰，但劉表誰都不想幫，他只想自保於荊州，坐觀天下之變。

劉兄，助我一臂之力可好？

老劉，幫我一次！

你們要打便打吧！為什麼非要拉我下水？我只想守好自家的一畝三分地！

雖然劉表表示中立，但他的不少手下都希望他幫助曹操，其中韓嵩更是斗膽建議劉表歸附曹操。他認為曹操一定會戰勝袁紹成為中原霸主，早早「押寶」才能獲得更豐厚的回報。

曹操一看就是人中龍鳳，我們現在助他，到時候論功行賞，我們肯定排前頭！

韓嵩

劉表有些動搖，派韓嵩去曹操處打探虛實。韓嵩回來後，向劉表誇讚曹操英明神武，極力勸他降曹，還建議他送一個兒子給曹操當人質以表誠意。劉表大怒，認為韓嵩被曹操收買，準備殺了他。蔡夫人極力勸阻。

韓嵩在荊楚地區很有聲望，況且他只是說話坦率，不能因為這個就把他殺了。

劉表聽了蔡夫人的話，饒了韓嵩一命。至於蔡夫人為什麼要幫韓嵩，一種說法是蔡夫人覺得韓嵩是正直的忠臣，這次確實是被冤枉了；另一種說法則是蔡瑁少年時和曹操交好，蔡氏一黨也早就有了降曹的傾向。

哼！看在夫人的面子上，今天就饒這傢伙一命！

官渡之戰結束後，劉備離開戰敗的袁紹，前往荊州投奔劉表。劉備在當地待了六年，始終沒有什麼大作為。直到他三顧茅廬把諸葛亮請出了山，他的事業才真正走上了正軌。

有了先生的支持，我劉備也能放開手腳大幹一場了！

除了劉備，還有一個人因為諸葛亮的到來而十分開心，那就是劉琦。多年來，劉琦一直受到蔡氏一黨的誹謗攻擊，他知道諸葛亮足智多謀，就向諸葛亮請教自保之策。諸葛亮認為這是劉表的家事，劉琦求了幾次，諸葛亮都拒絕教他。

先生救我！

此事我不太好插手，你還是另尋辦法吧！

✎一天，劉琦邀請諸葛亮到後花園遊覽，並在一座高樓擺下了宴席。這座高樓的內部沒有樓梯，需要搭梯子才能上下。諸葛亮跟隨劉琦爬梯登上高樓，兩人把酒言歡之時，劉琦突然命人撤去了梯子，將諸葛亮和自己困在了樓上。

父親的身體每況愈下，蔡氏一黨對我的加害也變本加厲，我只想求一個保命之法，不得已才出此下策。

如今我們二人上不著天，下不著地，話出自您的嘴，進入我的耳朵，除此之外無人知曉，您可以說了嗎？

唉！拿你沒辦法，那就點撥你一下吧！

你不知道春秋時期晉國的申生在國內身陷困境，而重耳流亡在外卻得以安全嗎？

✎諸葛亮所舉的例子，是春秋時期的「驪姬之亂」。晉獻公的寵妃驪姬為了讓自己的兒子當繼承人，大肆陷害晉獻公的其他兒子。太子申生不堪誣陷，自殺身亡；公子重耳則出國避禍，最終還回到晉國當上了國君。

劉琦頓悟，開始尋找脫身的機會。不久，江夏太守黃祖被孫權所殺，劉琦立刻自告奮勇，申請前往江夏抵禦東吳。劉表同意了。

父親，如今江夏太守空缺，孩兒斗膽請求前去鎮守江夏！

好！既然你有如此想法，為父當然同意！

很快，劉表病入膏肓，時日無多，孝順的劉琦聽說父親病重，立刻從江夏趕回來看望。蔡瑁和張允怕劉表見到劉琦後，被他的孝心感動，立他當繼承人，便攔住劉琦，不讓他見劉表。劉琦只好痛哭著離去。

你鎮守江夏責任重大，如今你擅離職守，你父親見到你，一定會很生氣。

傷害親人的感情會加重他的病情，這是不孝！

劉表去世後，蔡氏一黨立刻擁立劉琮繼位。劉琦準備藉奔喪的機會討伐劉琮，但此時曹操率大軍南下來奪荊州，劉琦只好放棄。面對來勢洶洶的曹軍，懦弱又沒有主見的劉琮在韓嵩和蔡氏一黨的瘋狂慫恿下答應了降曹。

劉琮不敢將投降之事告訴劉備。劉備察覺到情況不對，趕緊率眾南下。經過襄陽時，劉備停下來呼喊劉琮，劉琮躲著不敢見他。接著，劉備在沔水遇到了率領一萬人馬的劉琦，雙方合兵共赴夏口。

後來，劉備與孫權聯手，在赤壁大敗曹操，劉備上表保舉劉琦為荊州刺史。此時劉琦實際掌控的地盤，只有荊州九郡中江夏郡的一部分，但他總算在名義上做了一回「荊州之主」。

歡迎荊州的新主人！

只可惜，劉琦第二年就因病去世了，而孫、劉、曹三家圍繞荊州展開了一次次明爭暗鬥……

劉琦在高樓上撤走梯子困住諸葛亮的計策，被後人稱為「上屋抽梯」。此計雖然簡單，卻非常實用，畢竟連諸葛亮都不慎中了此招。

嗯，拿你沒辦法，那就……

你不知道春秋時期晉國的申生在國困塊，而重耳流亡在外卻得以安

劉琦也因此被戲稱為「唯一活捉過諸葛亮的人」。

借局布勢，力小勢大。鴻漸於陸，其羽可用為儀也。

　　借助某種局面或手段，布成有利的陣勢，雖然兵力弱小，卻可以使陣勢顯出強大的樣子。鴻雁飛到山頭，它的羽毛可以作為文舞的道具，這是吉利之兆。

🖊戰國時期，齊國出了一個窮兵黷武的君主——齊湣王。他繼位之後，持續惹事，一下子欺負魏、趙、韓、燕 ，一下子又與它們聯合攻秦，後來還派兵攻滅了宋國。

🖊齊國四處樹敵，很快就遭到了報復。西元前 284 年，燕、趙、韓、魏、秦五國組成聯軍，由燕國名將樂毅帶領，浩浩蕩蕩地殺向了齊國。聯軍於濟水之西大破齊軍，隨後各國紛紛退兵而去，唯有樂毅繼續率領燕軍直搗齊國都城臨淄。

✍齊湣王見大事不妙，一溜煙跑了。他接連逃到衛國、鄒國、魯國，然而他明明是來逃難的，卻趾高氣揚，好像自己才是主人，因此三個國家都不願意收留他，他只能逃到莒。

我們地方小，留不住你這尊貴的人！

呸！這破地方留我，我還不住呢！

✍楚國沒有加入討伐齊國的聯軍，但又想分一杯羹，於是就想了個損招——讓楚將淖齒打著「救齊」的旗號率軍入齊。齊湣王還以為救命稻草來了，熱情地歡迎楚軍，結果淖齒反手就把他殺了。

淖齒

受死吧

哎呀呀，盼星星盼月亮，終於把你們……

✑齊湣王的兒子為了避禍，隱姓埋名去當別人的傭人。淖齒率楚軍離開莒後，莒百姓和逃亡的齊國大臣四處尋找齊湣王的兒子，齊湣王的兒子這才亮明身分，被大家擁立為新君，是為齊襄王。

✑接下來的幾年裡，樂毅率軍繼續在齊國征戰，攻克了七十多座城池，把齊國打得只剩下莒和即墨兩座孤城。莒是齊君所在的「臨時國都」，齊國軍民拼死堅守，燕軍遲遲無法攻克；而即墨一直沒有失守，主要是因為這裡有個猛人坐鎮——田單。

田單本是臨淄管理市政的小官，燕軍打來時，人們爭相逃難，車子經常撞在一起，連車軸都撞斷了。田單提前讓族人把車軸兩端突出的部分鋸掉，再用鐵箍裹住軸頭，所以他和族人的車沒有損壞，得以脫險。

哈哈！還好我有先見之明！

田單率族人逃到即墨後，燕軍也殺了過來，即墨守將出城迎戰，卻戰敗身亡。即墨群龍無首時，軍民們想起田單此前率眾全身而退，認為他肯定精通兵法，謀略過人，就一致推舉他當了新的守城領袖。

現在他就是我們的老大！以後他就是你的對手了！

田單集結士卒認真訓練，又帶領大家一起修築壁壘，加固城牆。之後燕軍屢次攻城，都被即墨守軍打退，只好改為圍城對峙。

西元前 279 年，燕國君主燕昭王去世，其子燕惠王繼位。燕惠王當太子時，和樂毅有過節，田單得知此情報，想到了離間計。於是，田單派人到燕國散布謠言。

✍燕惠王本來就不信任樂毅，聽了謠言後，他立刻派騎劫替代了樂毅的主將之位。樂毅怕自己回到燕國會被害，便投奔了趙國。追隨樂毅征戰多年的燕國將士們都忿忿不平，燕軍士氣一落千丈。

✍樂毅走後，田單開始謀劃破敵之策。他下令城中百姓在吃飯時，必須擺一些飯菜在庭院裡祭祀祖先。城中的鳥看到有好吃的，紛紛飛下來啄食。

✍燕軍在城外看到很多鳥飛下來，感到十分奇怪。田單暗中派人揚言，稱這是有神明要下凡教齊國人破敵之法。

✍一個齊國士兵覺得好玩，謊稱自己被神明附身，問田單自己能不能當老師。話剛說出口，他便意識到闖了禍，拔腿就跑。

✎田單一把將他拉了回來，請他朝東坐好，以對待老師的禮節對待他。

噓！

我騙了您，我沒有什麼能力。

你不要說破此事。

✎之後，田單和這個士兵一起演戲，他每每發號施令，都聲稱受到了神明的教導。

啊！快看，神明顯靈了！

愣著幹嘛？快拜啊！

古人比較迷信，齊國人覺得冥冥之中有神明相助，士氣大振；燕軍則覺得敵人被神明眷顧，心生畏懼。

當時有一些齊國人逃出城投降，田單又派人揚言，稱自己擔心燕軍將齊國士卒的鼻子割下來擺在陣前，那樣的慘狀會動搖齊軍的軍心。燕軍信以為真，真的這麼做了。城中的齊國軍民看到後，既憤怒又害怕，從此認真守城，再也不想投降了。

哈哈哈！這就是和我們燕國為敵的下場！害怕了吧！

這些可惡的燕人！

還好我昨天沒和他們一起投降。

田單覺得齊軍的怒氣還不夠，又派人揚言稱自己擔心燕軍刨了齊人在城外的祖墳，侮辱他們的祖先。燕軍聽了，又刨了齊國人的祖墳。齊國軍民看到這一幕，恨得咬牙切齒，都想要衝出城和燕軍拼了。

我來幫你們的祖先透透氣！

可惡的燕人！我跟你們不共戴天！

眼看氣氛烘托到位，田單立刻展開了全民總動員。為了打敵人一個措手不及，他把精兵強將都藏起來，讓老弱婦孺登上城頭守城，使燕軍鬆懈輕敵。

哈哈哈哈，這些老弱病殘也來守城！

緊接著，田單派出使者去詐降。使者有模有樣地和燕軍約定了投降的日期和各種事項。為了增加詐降的真實性，田單湊了一筆鉅款，讓城中的富豪拿著錢去賄賂燕軍的將領。

即墨城中的人馬上就會投降，希望貴軍不要擄掠百姓，保全我們的妻小！

好好好！

🗡燕軍士卒在外征戰多年，想著即墨城就要投降，便更加思念家鄉和親人了。燕軍將領也等著大功告成，回國接受賞賜。於是，燕軍上下都沒了作戰的心思，只等著受降之日趕快到來。

老婆，我馬上就能回家了！

喝！敞開了喝！

🗡田單見燕軍鬥志全無，認為反攻的時機已到，便命人朝燕軍營寨挖了數十條溝壑通道，同時在城中集結了一千多頭牛，給牛角綁上尖刀，牛尾紮上浸過油的蘆葦，牛身畫上五彩龍紋，將它們分布在各個通道口。

好好準備，今晚我們肯定有一場大勝！

夜裡，田單命人點燃牛尾的蘆葦，牛被火燒後，疼得發狂，順著通道向燕軍營寨猛衝了過去。

夜色中，燕軍只看到無數頭上長刀、身後冒火、全身塗鴉的「怪物」直衝過來，還沒來得及反應，就已經死傷一片。

田單命五千勇士跟在火牛陣後衝殺，又讓其餘人擂鼓助威，連老弱婦孺都拿出家裡的銅器敲打。在一片火光和喊殺聲中，燕軍驚慌逃竄，主將騎劫在混亂中被殺。

燕軍潰敗後，田單帶兵一路追擊，所過之處，齊國人紛紛加入他的隊伍，抗燕軍隊的規模迅速擴大。田單率軍一邊驅逐追殺燕軍，一邊收復齊國失地，最終，當年被樂毅攻佔的七十多座城池全部被收回。

之後，田單和齊國大臣們將齊襄王迎回都城臨淄，為齊襄王舉行了正式的即位儀式。齊襄王為了獎賞田單的復國大功，將他封為安平君。

「樹上開花」，指在本來沒有開花的樹上貼上一些剪成真花樣子的彩色綢布，遠遠看上去，可以達到以假亂真的效果。

在實戰運用中，此計就是一種虛張聲勢的造勢策略。

田單知道，僅以即墨一城的兵力，無法與燕軍正面抗衡，於是就透過假裝神助、掘墳引怒、詐降惑敵、火牛陣等一系列操作，壯大己方的聲勢，消磨敵人的意志。

敵我力量此消彼長，田單抓住時機發動總攻，這才完成了以一城之力復國的壯舉。

乘隙插足，扼其主機，漸之進也。

譯文

乘著空隙插足進去，想辦法扼住敵人的要害，這就是循序漸進之道。

✏️東漢末年，董卓霸佔京師，把持朝政，他想廢掉少帝劉辯，立陳留王劉協為帝，於是叫來袁紹商議此事，沒想到袁紹竟然不同意。

什麼?!你小子竟然敢反對我！

袁紹

董卓

這天下大事，難道不是我說了算嗎？

我想做什麼事，誰敢不從?!

呵，天底下強橫的人，難道只有董公嗎？

✏️說完，袁紹橫刀作揖，頭也不回地走了。為了防止董卓加害，袁紹逃往了冀州。冀州牧韓馥曾是袁氏的門生故吏，因此他欣然接納了袁紹。

袁兄！好久不見，甚是掛念啊！

✍董卓本想下令追殺袁紹，但手下勸住了他。

袁氏一族影響力很大，如果通緝袁紹，必然會激起變故，倒不如赦免他，再給他個官職。他慶幸於被免罪，就不會惹是生非了。

董卓認為手下言之有理，就任命袁紹為渤海太守，受韓馥的管轄。

✍後來，董卓廢帝，另立新帝，各地討伐董卓的呼聲越來越高。韓馥擔心袁紹起兵把自己拖下水，就派人盯緊袁紹，不讓他擅自行動。

不行！我得走！

袁將軍，你這是要去哪裡啊？

我想……

想也不行！

我只是想上個廁所……

🖋然而，各地軍閥對董卓的不仁舉動極為不滿，紛紛起兵討伐董卓，並迅速組成聯軍，推袁紹為盟主。對此，韓馥召集部下商議如何應對。

你們說，我們應該幫袁氏還是幫董氏？

興兵是為了國家大業，說什麼袁氏、董氏？

這話聽得韓馥十分慚愧，他隨即決定支持袁紹，之後則留在冀州為袁紹出征的軍隊供應糧草。

🖋董卓得知袁紹集結聯軍討伐自己，就把留在京師的袁氏宗族全部殺害。人們同情袁氏的遭遇，紛紛歸附袁氏，一時間，各州郡討伐董卓的隊伍全都打著袁氏的旗號。

真是太殘暴了！

可惡，我這就去幫袁紹！

✐袁紹雖然憑藉個人威望當上了盟主，但討伐董卓時，諸侯們各懷鬼胎，大多數人都不想賣力打仗，只想坐收漁翁之利。沒多久，聯軍就散夥了。

哼，什麼狗屁盟主！散了散了！

所以一頓折騰後，董卓非但沒有倒台，諸侯們還勾心鬥角爭起了地盤。

✐韓馥害怕袁紹繼續壯大，反過來侵佔自己的地盤，就故意減少糧草供應，想讓袁紹的軍隊因為缺糧飢餓而解散。他的擔心並不是杞人憂天，袁紹確實早就想把冀州據為己有，只是苦於缺兵少糧，又沒有什麼好機會，這才遲遲不敢動手。

主公！冀州那邊送來的糧草越來越少了……

可惡！要不是人不夠，我早就想把冀州……

✍後來，袁紹的謀士逢紀給他出了一條毒計。

幽州的公孫瓚也一直覬覦冀州，您可以暗中和他聯絡，約他南下一起攻打冀州。

逢紀

公孫瓚兵強馬壯，他一來，韓馥必然驚慌失措。到時候我們再派能言善辯的人去遊說韓馥，他就會把冀州讓出來。

✍袁紹依計而行，很快，公孫瓚打著「討伐董卓」的旗號兵臨冀州。韓馥也不傻，知道公孫瓚就是奔著自己的冀州而來的。在韓馥為如何退敵而發愁時，有兩個人突然前來拜訪他，一個是袁紹的外甥高幹，另一個是韓馥的朋友荀諶。

哎呀呀！什麼風把你倆吹來了？

高幹

荀諶

其實，他倆都是袁紹暗中派來的說客。

✍高幹和荀諶都跟韓馥說他現在面臨著很危險的局面。

✍韓馥知道形勢危急，忙問兩人現在該怎麼辦。荀諶不正面回答，反而問韓馥在人心歸附、智勇兼備、家世顯赫三個方面能不能比得過袁紹？韓馥連答了三個「不如」。

公孫瓚率精銳之師前來，兵鋒難以抵擋；袁紹是一代英傑，也不會久居人下。

如果公孫瓚和袁紹聯手進攻，您和冀州就會危在旦夕。您和袁氏有交情，我建議您把冀州讓給袁紹。

袁紹得了冀州，公孫瓚難以獨自攻克，這樣冀州就可以保全，袁紹也一定會感激報答您的恩情。

您把冀州讓給故交，不僅可以得到讓賢的美名，還能保全身家性命，享受榮華富貴，希望您不要遲疑！

看萌漫學智慧

✎韓馥膽小懦弱，沒什麼主見，被荀諶這麼一糊弄，就打算讓出冀州以求自保。韓馥的手下們紛紛勸諫。

冀州擁兵百萬，糧草足以維持十年之久。袁紹不過是依賴我們的孤軍，就像掌中的嬰兒一樣，我們一斷奶，他立刻就會餓死，憑什麼把冀州讓給他呢？

✎但韓馥心意已決，還是決定將冀州讓給袁紹。

我以前是袁氏故吏，我的能力也比不上袁紹，正確估量自己的才德而選擇讓賢是古人所推崇的，各位為什麼要反對呢？

✎韓馥搬出官邸，讓兒子拿著冀州的大印送給了袁紹。袁紹兵不血刃地接管冀州後，很快就架空了韓馥，只給了他一個奮威將軍的虛名，既沒有兵力，也沒有實權。

✍ 後來韓馥被一個仇人尋仇報復，袁紹幫他抓住並處死了仇人，但韓馥開始整天疑神疑鬼，覺得冀州不安全，就跑去投奔了陳留太守張邈。

韓將軍別怕，這廝已經被我⋯⋯

哇哇哇哇！這裡太過可怕了，我要去找張哥！

✍ 有一天，袁紹派使者去見張邈，席間商議機密時，使者在張邈耳邊講悄悄話。韓馥看到，以為他倆在商量如何謀害自己，就起身走進廁所用小刀自殺了。

他們在密謀什麼？是不是想要害我？怎麼辦？怎麼辦？

✍ 韓馥一死，袁紹冀州之主的身分更加名正言順了。公孫瓚帶兵辛苦奔波一趟，卻為袁紹作嫁，這讓他覺得自己被袁紹耍了，心中十分惱恨。

後來，公孫瓚的弟弟在和袁紹手下交戰時，被流矢射中而死。於是，公孫瓚決定新仇舊恨一起算，親率大軍討伐袁紹，奪取冀州。

從過往的戰績和當時的兵力來看，袁紹都遠遠不如公孫瓚。公孫瓚僅騎兵就有一萬多人，而袁紹壓根沒有騎兵部隊。

為了抵擋公孫瓚的精銳騎兵，袁紹派了八百名死士組成敢死隊，拿著盾牌在前面壓陣，又在兩翼布置強弩做掩護，等敵人靠近就放箭。

按照常規戰法，如果公孫瓚先派步兵推進，再讓騎兵衝陣擊殺，基本就能贏；袁紹再怎麼布置戰術，也無法彌補雙方硬實力的差距。但公孫瓚見袁紹兵少，犯了一個輕敵冒進的致命錯誤——直接派出騎兵去踐踏敵陣。

公孫瓚的騎兵衝來時，袁紹的敢死隊死士們把身體藏在盾牌下拼命阻擋，同時兩翼萬箭齊發，把敵人射了個人仰馬翻。

在一片混亂中，公孫瓚軍的騎兵指揮官嚴綱被臨陣斬殺，騎兵士卒頓時群龍無首，爭先恐後地往回逃，結果又把自家的步兵軍陣也衝亂了。最終公孫瓚軍全面潰敗，袁紹軍取得了大勝。

此戰過後，公孫瓚的實力大大折損，難以與袁紹再爭冀州，袁紹徹底在冀州站穩了腳跟。

在亂世之中，袁紹「反客為主」，從韓馥手中「騙」到了又大又富的冀州。之後，他以冀州為根基，不斷壯大，統一河北，虎踞四州，一度成為實力最強的諸侯。

第三十一計

美人計

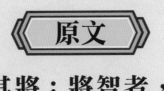

兵強者，攻其將；將智者，伐其情。將弱兵頹，其勢自萎。利用禦寇，順相保也。

　　如果敵人兵力強大，就攻擊其將領；如果敵人的將領足智多謀，就挫敗他的意志。敵人的將領鬥志衰弱，兵卒士氣低落，其戰鬥力就會大打折扣。利用敵人的弱點來抵禦敵人，就可以順利的保存自己的實力。

🖋春秋時期，吳國和越國南北相鄰，互相把對方視為頭號威脅，經常打來打去。西元前 **496** 年，越王句踐在檇李之戰中擊敗吳王闔閭。闔閭重傷，不治身亡。闔閭之子夫差繼位後，日夜練兵三年，誓要向越國報殺父之仇。

🖋句踐聽說此事，想要先發制人，就搶在吳國來攻之前舉兵伐吳。夫差調集全國精銳迎擊越軍，在夫椒取得大勝，然後將句踐和他的五千殘兵圍困在越國都城會稽。

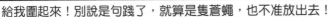

面對絕境，大夫范蠡建議句踐先屈膝投降，日後再圖東山再起。於是，句踐派大夫文種去求和。文種跪在地上，一邊磕頭一邊向前挪動，以卑微的姿態苦苦哀求夫差接受和談。

亡國之臣句踐請求您允許他做您的奴僕，他的妻子做您的侍妾。

文種

一番波折後，夫差同意了句踐的求和，句踐和范蠡留在了吳國為奴。這期間，句踐替夫差養馬，晚上睡在馬棚裡；白天夫差出行時，句踐牽馬駕車，謹慎地伺候他。無論何時，句踐的臉上都沒有一絲生氣或怨恨的表情。

這傢伙最近養馬養得不錯，晚上給他加個雞腿！

句踐

謝大王！

《吳越春秋》記載了一段廣為人知的「問疾嘗糞」的故事：句踐透過嘗夫差的大便，判斷夫差的身體狀況，以此來討好對方。

句踐用卑微到骨子裡的表演，成功騙取了夫差的信任。三年後，夫差認為句踐已經徹底臣服，就將他放回了越國。回國後，句踐在自己的屋裡掛了一塊苦膽，每天都要嘗一嘗苦膽的滋味，以此提醒自己不忘屈辱。

句踐啊句踐！你忘記會稽之恥了嗎？

為了提升國家的凝聚力，句踐親自和老百姓一起耕作，他的妻子也親手織布；他們生活節儉，從不吃大魚大肉，也不穿華美的衣服。句踐雖然是一國之君，卻能夠放下身段，彬彬有禮地任用賢才，熱情誠懇地招待賓客。

這位先生，我看您氣度不凡，可願助我復興？

咦？這不是越王嗎？他怎麼會出現在這種地方？

句踐本想讓范蠡輔政，但范蠡認為自己在治國方面不如文種，在軍事方面強於文種。於是，句踐就讓文種處理政務，讓范蠡整頓軍務，兩人各展所長，越國很快富強了起來。除了增強自己的實力，句踐還想削弱敵人的力量。范蠡向句踐獻上了一計。

夫差好色，我們可以挑選絕世美女送給他，從而掏空他的身體，消磨他的意志。

句踐認為此計甚妙，便讓范蠡在國中遍尋美女，最終找到了兩個傾國傾城的美人——西施和鄭旦。

這！世間居然還有如此美女……

參見大王。

大王，您……您要控制住自己啊！

史料對鄭旦的記載比較少，一般認為她是西施的同村好友。西施則是家喻戶曉的「中國古代四大美女」之一，相傳她貌若天仙，身材也十分完美，增半分嫌胖，減半分嫌瘦。

✎西施家境貧寒，常在一條溪中浣紗洗衣，水裡的魚群看到她的容貌，竟被迷住，一時忘記遊動，沉到了水底。這就是「西施沉魚」的典故。宋詞的常見詞牌名「浣溪沙」，也是源自於西施在溪邊浣紗的故事。

✎西施經常心口疼，她難受地用手捂著胸口皺緊眉頭，鄰村的醜女東施看到了，覺得西施皺眉頭的樣子好美，就模仿她的神態姿勢，結果卻更醜了——後人由此引申出了成語「東施效顰」。

雖然西施連皺眉頭都很美，但她對自己有一個不太滿意的地方——她的腳比普通女子的大一些。為此，西施經常穿長裙來遮掩，走起路來裙擺飄飄，更顯得身姿曼妙，娉婷婀娜。

死鬼，還看還看！魂不要了?!

西施喜歡跳舞，她自製了一雙木屐，並在裙子上系了一串鈴鐺；當她起舞時，木屐嗒嗒作響，鈴鐺也發出清脆悅耳的叮噹聲，令人心曠神怡。這就是西施的絕技——「響屐舞」。

✎范蠡找到國色天香的西施和鄭旦後，對二人說明來意。兩位美人深明大義，答應了去吳國色誘吳王夫差。

✎范蠡派人悉心培養西施和鄭旦，教導她們宮廷禮儀，傳授她們專業的歌舞技巧。一段時間後，兩位山村姑娘就變得像富貴名門的大家閨秀了。

范蠡將西施和鄭旦獻給夫差，夫差果然立刻就被迷住了，他為兩位美人修建了許多宮殿、大池、閣樓，整日泡在裡面尋歡作樂。

為了欣賞西施的響屐舞，夫差還專門修建了一條「響屐廊」——在花園挖出一條地下長廊，放上百口大缸，再鋪上木板。西施跳舞時，木屐和裙子上的鈴鐺發出響聲，大缸又產生回聲，一起交織成了美妙的伴奏，看得夫差如癡如醉。

就這樣，夫差沉迷美色，變得荒淫無道，他對正在復甦的越國視而不見，卻屢屢出兵攻打陳、魯、齊等國，不僅結下了許多仇敵，還大大耗損了吳國的國力。

大王，再對魯、齊等國發動戰爭，國庫怕是要頂不住了呀！

讓你打就打，打不下來就提頭顱來見我！

西元前 482 年，夫差舉全國之力赴黃池之會，吳國國內空虛。越國休養備戰多年，等的就是這個機會。句踐立刻起兵伐吳，成功在吳軍趕回來救援之前攻陷了吳都姑蘇。夫差被迫求和。

不是吧？這麼快！

哼！吳王對兩位美女可還滿意啊？

接下來的幾年，句踐舉全國之兵討伐吳國，吳國屢次戰敗，最終夫差被擒後自殺，吳越數百年的恩怨至此了結。

縱觀歷史，像西施亂吳這樣的「美人計」的成功案例可謂數不勝數，無數風流人物都拜倒在美人的石榴裙下，在溫柔鄉中逐漸喪失了雄心壯志，最終走向敗亡。

空城計

虛者虛之，疑中生疑；剛柔之際，奇而復奇。

譯文

　　兵力空虛就故意顯得更加空虛，使懷疑中的敵人更加疑惑。用這種剛與柔相互交會的方法對付強大的敵人，這是奇法中的奇法。

✍西漢時期，匈奴大舉入侵蕭關，李廣毅然從軍，加入了抗擊匈奴的隊伍。李廣精通騎馬射箭，在戰鬥中殺敵無數，被封為漢文帝的侍從官。

✍李廣經常陪漢文帝打獵，獵獲了無數猛獸。漢文帝驚嘆於他的勇猛，給了他很高的誇讚。

🖋漢景帝繼位後，七國之亂爆發，李廣跟隨太尉周亞夫平定吳楚叛軍。在昌邑城下，李廣身先士卒，奪取了叛軍的軍旗。

哼，軍旗已在我手，爾等速速投降！

李廣因而聲名大噪，被封為上谷太守，不久又調任上郡太守。

🖋後來，匈奴大舉入侵上郡，漢景帝派了一名親近的宦官到李廣帳下幫忙。一天，這名宦官帶著幾十名騎兵出巡，遇到了三個匈奴步兵。宦官仗著人多，便帶人衝上去想捉住敵人。

哈哈！被我盯上的獵物，豈有逃脫的道理？

結果三名匈奴步兵回身射箭，不僅射傷了宦官，還幾乎將幾十名漢軍騎兵全部射殺。宦官大驚，慌忙逃回大營，將此事告訴了李廣。

那三名匈奴兵箭術出眾，可能不是普通角色，而是匈奴最精銳的勇士——射雕手。

匈奴作為遊牧民族，十分重視箭術。首次統一了北方草原的匈奴單于冒頓就堅持培養弓箭手，最終擁有了「控弦之士」三十多萬人。在此基礎上，匈奴人千挑萬選，篩選出了箭術最精湛的射雕手。

雕飛得又高又快，想要射中它們，需要極大的臂力，且瞄得極準，這樣的人就堪稱神射手了。

意識到敵人來頭不小，李廣親自帶領一百名騎兵去追殺。狂奔幾十里後，李廣等人追上了那三名匈奴兵，李廣下令隊伍從左右兩翼包抄，他親自張弓與敵人對射。

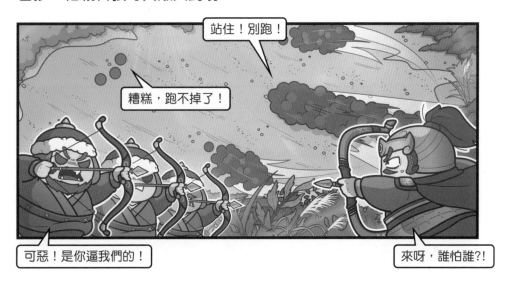

結果，匈奴頂尖的射雕手被李廣當場射死兩人，剩下一人被活捉。李廣箭術之高超，由此可見一斑。

李廣等人綁好俘虜，正準備上馬回營，突然遠遠望見數千名匈奴騎兵，他們似乎是來接應射雕手的。面對高出數十倍於己方的敵人，李廣率領的騎兵們十分恐慌，想要趕緊逃跑。

我們距離大營有幾十里遠，現在敵眾我寡，如果直接逃跑，匈奴兵一路追殺，我們就全完了。如果我們留下來不走，匈奴兵反而會誤以為我們是漢軍主力拋出的誘餌，從而不敢來襲擊！

李廣不僅不讓大家撤退，還帶領大家一直前進，直到距離敵人只有二里的地方才停下來。這時，他又下令所有人解下馬鞍。騎兵們頓時提心吊膽。

敵人很多，離得又近，如果發生了緊急狀況，我們豈不是坐以待斃？

不會！敵人本以為我們會走，但現在我們解下馬鞍，表示我們不打算走，他們就會更加堅持自己的錯誤判斷。

事實上，李廣完全猜中了匈奴兵的心思。匈奴兵剛看到李廣等人的時候，第一反應就是很驚訝。為防有詐，匈奴兵在山上列好陣形觀察，看到李廣等人不退反進，甚至還解下馬鞍，他們便確信這股小部隊就是出來誘敵的。

雙方僵持中，一個匈奴軍官騎著白馬出陣。李廣見了，帶領十幾名部下騎上馬，飛馳過去，將他射殺，隨後順利返回。

之後，李廣又命令大家把馬的韁繩解開，讓馬隨意活動，人也直接躺在地上。這時天正好黑了，匈奴兵見漢軍安如泰山地躺著，覺得背後一定有問題。

漢軍主力是不是要趁黑偷襲我們呢？我們周圍是不是已經有伏兵了？不妙……再不走恐怕就來不及了！

匈奴兵越想越害怕，最終決定全軍撤退。李廣繼續按兵不動，等到天亮後，他才率眾回到了大營。

有詐！快撤！

後來，李廣繼續帶兵抗擊匈奴。久而久之，李廣威名遠揚，匈奴軍光是聽到他的名字，就十分畏懼。李廣被任命為右北平太守後，匈奴人聽說他來守關，躲著他數年不敢來犯，還尊稱他為「飛將軍」。

當年面對數量遠多於己方的敵人，李廣沒有驚慌失措，也沒有逞匹夫之勇強行突圍，而是巧用空城計嚇退強敵，足見其智勇雙全，膽識過人。

第三十三計 反間計

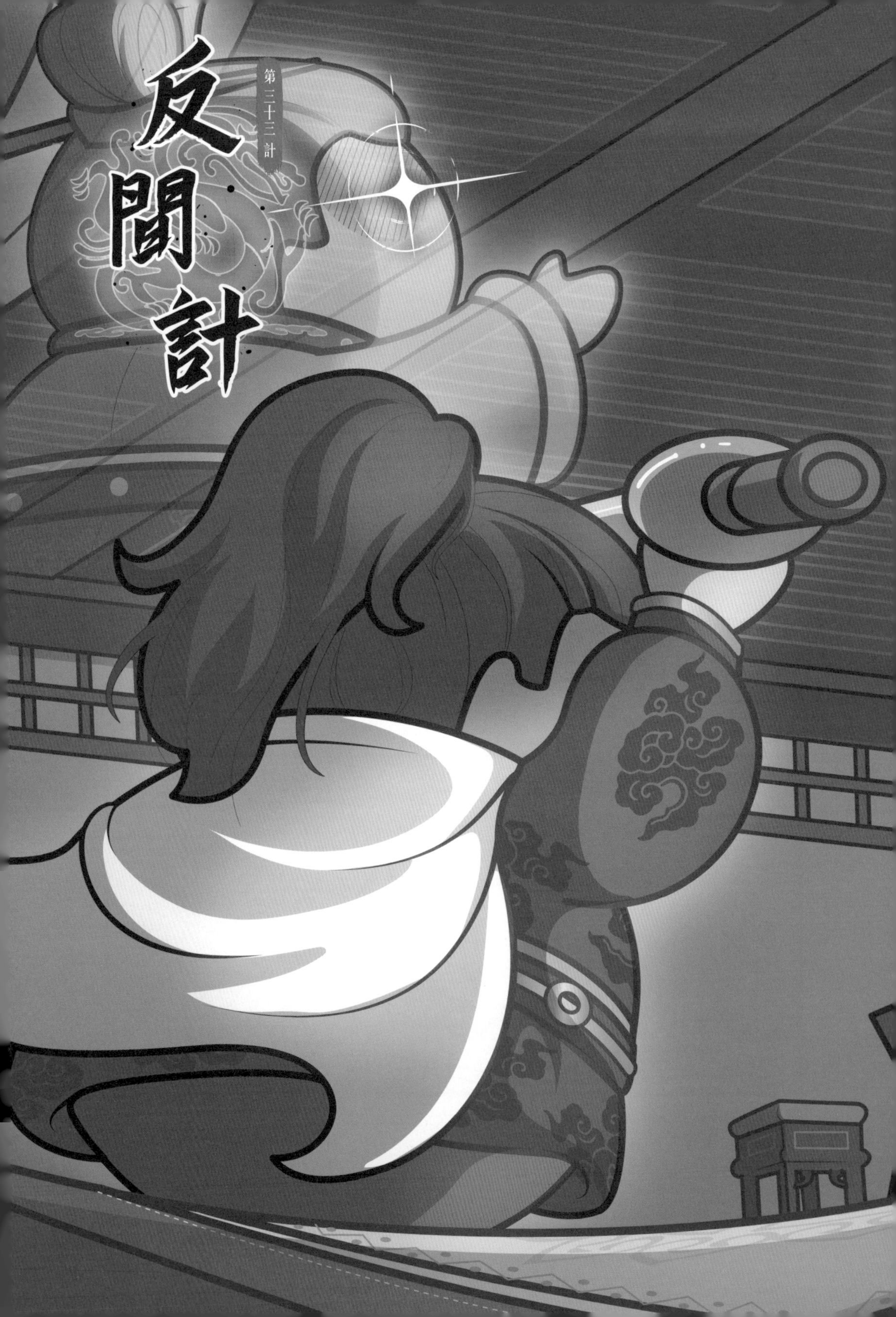

　　在疑陣中再布疑陣，使敵方安插在我方的間諜因搞不清真實情況而去傳遞假情報。這樣利用敵方的間諜，我方就不會遭受失敗。

東晉十六國時期，鮮卑族的慕容氏在亂世中崛起。經過幾代人的努力，慕容家的世子慕容儁於西元 352 年正式建立了前燕政權。慕容儁能夠建國稱帝，他的兩個弟弟慕容恪和慕容垂功不可沒。

慕容恪和慕容垂都是小小年紀就開始南征北戰，立下了汗馬功勞，慕容垂更是年紀輕輕就獲得了「勇冠三軍」的頂級評價。

慕容儁非常器重慕容恪，卻和慕容垂關係很僵。他的皇后可足渾氏與慕容垂的妻子不和，捏造罪名將她下獄害死了。慕容垂從此與可足渾氏結下大仇，與皇兄的關係也變得疏遠。

此仇不共戴天！

後來，慕容儁和慕容恪相繼病逝，少主年幼，大權落到了太后可足渾氏和皇親慕容評的手中。慕容評是慕容儁的叔叔，資歷老、地位高，卻心胸狹窄、嫉賢妒能，他和可足渾氏狼狽為奸，經常打壓慕容垂。

369 年，前燕被東晉大舉入侵，慕容評派了很多將領抵擋，結果連戰連敗。慕容垂看不下去，自告奮勇請求抗敵，很快就力挽狂瀾打了勝仗。

之後慕容評又以割讓虎牢以西的土地為條件，換來了前秦發兵相助。在兩軍夾擊下，東晉大敗而歸。

✎慕容垂凱旋後，名望大增。慕容評和可足渾氏看他更不順眼了，準備聯手害死他。慕容垂得知慕容評和可足渾氏的陰謀，便以打獵為由帶著家屬逃到了老家，但他的幼子慕容麟一向不受寵愛，不願跟隨家人出逃，還將此事告發。

✎慕容評立刻派兵追殺慕容垂。慕容垂被逼無奈，只好率眾叛國，投奔前秦。前秦君主苻堅正廣招人才，他久聞慕容垂的威名，聽說對方要來歸降，高興地親自跑到郊外迎接。

符堅熱情款待了慕容垂一家，又給了他們高官厚祿和巨額賞賜，想要以此感動慕容垂，讓他死心塌地地為自己效力。然而，丞相王猛卻給符堅潑了一盆冷水。

慕容垂是燕國皇族，他戰功卓著，又寬仁愛民，早就美名遠揚，他之於燕、趙等地的人人就都有擁戴他，不是這樣的人就都像蛟龍猛獸，不是能被馴服的，應該早早除掉，以絕後患。

王猛是前秦的柱石之臣，他對外開疆拓土，對內整肅吏治，多年來一直為國鞠躬盡瘁，符堅非常信賴他，對他幾乎言聽計從。然而這次王猛提議除掉慕容垂，符堅卻一口回絕了。

我正在招攬四方豪傑，如果大名鼎鼎的慕容垂剛來就被我殺了，那天下人會如何看我？以後誰還敢來？

站在各自的角度，王猛和符堅都有道理，但王猛人如其名，他已經認定慕容垂是禍患，就不會善罷甘休。王猛準備用個狠招，迫使慕容垂自己「犯大罪」，從而名正言順地除掉他。

沒多久，王猛的機會就來了。當年慕容評以割地為條件，換取前秦出兵相助，但仗打完後，慕容評卻賴帳不給。苻堅以此為由，派王猛率軍討伐前燕。王猛掛帥後，立刻提出了一個要求。

大王，請讓慕容垂的長子慕容令隨我一起出征，給大軍充當嚮導。

這個要求讓慕容垂無法拒絕，因為他們一家投奔前秦得到豐厚待遇，已讓朝中出現了許多流言蜚語，現在前秦要攻打前燕，他們一家是做嚮導的最佳人選；如果推辭，恐怕人人都會懷疑他們的忠誠度。更何況，王猛選的是他兒子，並沒有要求他本人去。

這王猛如果敢害我兒子，我就在朝中煽動輿論，再向苻堅告狀，到時他完全不占理，必然吃不了兜著走。

慕容愛卿意下如何？

經過深思熟慮，慕容垂同意了讓兒子隨王猛出征。慕容令作為嚮導，和先鋒軍一起抵達了前線洛陽。一切準備妥當後，王猛就從長安率主力過來會合。

王猛出發前一晚，突然來到慕容垂府上拜訪辭行。慕容垂隱約感覺來者不善，但又不敢怠慢，擺出了好酒好菜招待王猛。兩人邊喝邊聊，氣氛還挺融洽。酒過三巡，兩人便借著醉意開始了酒桌上的常見環節——互相吹捧，稱兄道弟。

> 我就要走了，這一去千里迢迢，可會想念兄弟你啊！
> 你有什麼東西可以送給我，好讓我睹物思人呢？

慕容垂一愣，他根本沒準備什麼臨別贈禮，隨便找一個東西又太敷衍，於是他解下腰間的金刀送給了王猛。這金刀是慕容家的祖傳寶刀，慕容垂一直貼身攜帶，拿它送人，絕對夠有誠意。

> 既然老哥開口了，我當然不能隨便送，
> 就把我這個祖傳的寶貝送給老哥吧！

王猛拿到金刀後，第一時間把它交給了慕容垂的親信金熙。金熙追隨慕容垂多年，甚至陪他一起逃到前秦，慕容垂一家早已把他當成了自己人，他們絕對想不到，此時金熙已經被王猛用重金收買了。

你帶著這金刀速去洛陽，一切按計畫行事！

是！

叛變的金熙帶著金刀，趕到洛陽見到慕容令，謊稱自己帶來了慕容垂的口信。

我們父子逃到前秦，無非為了避禍。王猛尖酸刻薄，數次排擠我們；苻堅表面上對我們禮遇有加，內心怎麼想，誰也不知道。大丈夫離家逃難，最終還不能倖免，會被全天下恥笑！我聽說我們走後，前燕皇帝已經後悔，所以我決定逃回前燕，現在已經上路了。你還不走，更待何時？事發突然，來不及寫信，特派金熙傳口信給你，以金刀為證！

🖊這是王猛算計最深的一步棋。如果他自己拿著金刀假傳消息，慕容家的人都知道他不懷好意，誰也不會傻到只見金刀就聽信他的一面之詞——誰知道金刀是不是他偷來還是搶來的呢？而換成「忠心耿耿」的金熙憑刀傳信，可信度就高太多了。

即便如此，慕容令聽完後，依然覺得此事關係重大又太過突然，猶豫了一整天也沒有動身。

🖊然而，慕容令短時間內無法聯繫上父親，難以判斷事情的真偽。「親信」金熙在旁邊不斷催促，「信物」金刀就擺在眼前，經過一番思想鬥爭，慕容令除了相信，別無選擇，只能咬牙逃往前燕。

慕容令一逃，王猛立刻將消息傳了回去，慕容垂只覺得五雷轟頂，這下他跳進黃河也洗不清了。

✐慕容垂害怕被株連，於是破罐子破摔（比喻明知有錯卻不改正，朝更壞的方向發展），倉皇逃往前燕準備和兒子會合，結果走到半路就被追兵趕上抓了回去。至此，王猛終於達成了他的目的。

✐然而王猛萬萬沒想到，符堅居然原諒了慕容垂，還像以前一樣厚待他。

✎相比之下，慕容令的下場就慘多了：他回到前燕後遭到猜疑，被發配到邊疆守城。他不甘心，聯絡舊部起事，卻被當年告發了一家人的弟弟慕容麟再次告發，最終事洩被殺。

叛賊已伏誅，後事處理一下！

是！

✎王猛的毒計沒能除掉慕容垂，只害死了慕容令，理論上是失敗了。但從長遠來看，王猛對慕容垂「難以馴服，終為禍患」的判斷確實沒錯。後來，王猛率軍攻滅前燕，慕容垂跟隨苻堅巡視故國，觸景生情，惆悵不已。

唉……大燕啊大燕……

🖊 382 年，苻堅想攻打東晉，群臣認為時機尚不成熟，紛紛勸阻。此時王猛已經病逝了，懷有二心的慕容垂想混水摸魚，故意慫恿苻堅出兵。苻堅見好不容易有個人支持自己，心中大喜。

能助我平定天下的只有愛卿你啊！

🖌 結果，前秦在淝水之戰中遭遇慘敗，慕容垂趁亂逃回前燕故地，復國建立了後燕。

重鑄大燕榮光！

重鑄大燕榮光！

🖌 不過慕容垂選接班人時，他最優秀的長子慕容令早已死去，他不得不立資質平庸又性情殘暴的四子慕容寶為太子。

結果慕容寶登基僅僅兩年，就在內亂中被殺；又過了九年，後燕徹底滅亡。從這個角度看，王猛的計策也算間接滅掉了慕容氏。

王猛坑害慕容垂的「金刀計」，被譽為「千古第一反間計」，堪稱一個無解的陽謀：王猛做了局，慕容垂父子就必須入局，沒有辦法拒絕，而且入局之後他們就沒有別的選擇了。

慕容垂父子明知王猛不懷好意，一直處處防備，但就是防不住，只能按照王猛寫好的劇本，像兩隻玩偶一樣被線牽著，一步步走向黑暗的結局……

第三十四計

苦肉計

人不自害，受害必真；假真真假，間以得行。童蒙之吉，順以巽也。

人們一般不會自己傷害自己，如果真的自己傷害自己，別人必然會認為是真的。我方以假亂真，敵方肯定深信不疑，這樣就能讓計謀得以實行。抓住敵方「幼稚樸素」的心理進行欺弄，就能利用敵方的弱點達到自己的目的。

春秋時期，楚平王聽信讒言，害死了楚國大臣伍奢和他的長子伍尚，伍奢的次子伍子胥逃到了楚國的敵國吳國。伍子胥觀見吳王僚，有理有據地勸說他發兵攻楚。吳王僚本想同意，卻被堂兄弟公子光勸阻了。

伍子胥勸諫大王攻楚不是為了吳國好，只是想藉我們的力量幫他報私仇，大王別用這種小人！

公子光詆毀伍子胥，並非真正為國考慮，而是另有隱情。原來，公子光暗地裡一直想刺殺吳王僚奪取王位，如果伍子胥被吳王僚重用，他有很高的機率會看破說破此事，那公子光的計畫就全完了。

好了，此事不要再提！

你小子如果敢壞我的好事，你就完了！

伍子胥很快就發現了其中的問題，為了實現向楚國復仇的目標，他決定投靠野心勃勃的公子光，助他刺殺吳王僚。

接到刺殺任務後，專諸打聽到吳王僚最喜歡吃烤魚，就跑到太湖邊苦學廚藝，把自己練成了遠近聞名的烤魚大師。

某天，公子光在家中的地下室藏了一批武士，邀請吳王僚來家裡吃專諸做的烤魚。吳王僚發現公子光神色緊張，表情中還帶著一絲愧疚和怨恨，就身穿鎧甲來赴宴，還讓衛士人人手持長矛，從王宮一直列隊到了公子光家裡。

大王……您……您裡邊請……

嗯？你今天怎麼怪怪的？

席間，公子光假裝腿疼離開，偷偷溜進了地下室，讓專諸將一把極鋒利的匕首藏在烤魚的肚子裡端上去。

久等了。

納命來！

這一刺力道極大，利刃插透鎧甲刺穿了吳王僚的身體，吳王僚當場就死了。

衛士們反應過來後，圍攻專諸將他殺死。趁著一片混亂，公子光叫出埋伏好的武士，將吳王僚的衛士全數消滅。隨後，公子光自立為王，是為吳王闔閭。

闔閭成功奪位後，總是心神不寧，寢食難安，因為吳王僚有個兒子叫慶忌，他身在衛國，正在招兵買馬，準備為父報仇。慶忌從小習武，身材高大，力大無窮，有萬夫不當之勇。他經常外出打獵，徒手和熊犀虎豹搏鬥，世人無不稱讚他的勇猛。

為了除掉慶忌這個心頭大患，伍子胥建議闔閭故技重施，再派一位刺客去行刺，他又推薦了一個人──要離。為了讓闔閭相信要離的本事，他還講了一段要離的傳奇往事。

當年，東海的勇士椒丘訢來吳國為朋友奔喪，途經一個渡口時，水神吃掉了他的馬，他一怒之下跳入水中，與水神大戰了幾天幾夜。最終他逃出水面，瞎了一隻眼睛。

椒丘訢

在朋友的喪禮上，椒丘訢仗著自己和水神打過架，就看不起其他賓客，擺出了一副唯我獨尊的樣子，對大家出言不遜。

要離也在這場喪禮上，他看不慣椒丘訢趾高氣揚的模樣，就坐到他面前諷刺一頓。

要離

你和水神打架，又把眼睛瞎了自己的馬，又沒能搶回自己，還敢自稱勇士！我看你不是勇士之恥才對，你不繼續和水神打到死方休，卻苟且偷生逃回來，這樣還敢在大家面前裝腔作勢？

椒丘訢被要離罵了一頓，惱羞成怒，但又不敢在朋友的喪禮上當眾發作，就準備晚上去要離家報仇。

夜裡，椒丘訢來到要離家，發現大門沒有關，便直接闖了進去。他經過廳堂來到臥室，又發現臥室門也沒關。要離正披頭散髮地躺在床上，一副無所畏懼的樣子。椒丘訢手中拿著劍，一把抓住要離的頭髮，大罵起來。

你做了三件該死的事！你在大庭廣眾之下羞辱我，這是一該死！你家不關門，這是二該死！你睡覺時毫無戒備，這是三該死！

我沒有你說的三該死，倒是你有三不肖！我當眾羞辱你，你一句話也不敢反駁，這是一不肖！你深夜偷偷摸摸闖入我家，不敲門不出聲，這是二不肖！你拿著劍抓著我的頭髮，才敢囂張地跟我講話，這是三不肖！你做了這三件不要臉的事，還拿著兵器威脅我，難道不令人鄙視嗎？

好吧，我原以為我已經勇冠天下，沒想到你的勇猛遠在我之上，你真是天下第一勇士啊！

聽完這個故事，闔閭大喜，連忙讓伍子胥將要離請來，他要趕緊見見這位「天下第一勇士」。

✑然而，闔閭見到要離後，瞬間就呆住了：要離又瘦又矮，相貌也非常醜陋，無論怎麼看，都無法和「勇士」二字聯繫起來。

你推薦的這是什麼人啊?!

大王害怕慶忌嗎？我可以為您殺了他！

慶忌是舉世聞名的勇士，他筋骨強健，打架能以一敵萬；他身手敏捷，能追上猛獸，抓住飛鳥。

我曾經追殺他，用馬車都追不上；我又命人放箭射他，他竟然徒手接住了射來的箭，我只能眼睜睜地看著他逃走。

依我看，你遠不是他的對手

想殺慶忌，武力固然重要，但更靠膽量和智謀，只要我能接近他，就能找到機會一擊斃命。

慶忌有勇也有謀，他做事小心謹慎，從不用來路不明的手下，我們吳國現在是他的死敵，他的戒心只會更重，怎麼可能相信你呢？

大王可以砍斷我的右手，慶忌知道我與大王有如此血海深仇，一定會信任我的！

⚔️闔閭從沒見過如此瘋狂的狼人，驚得半天說不出話，但要離堅定地表示，為主殘身是忠，為國亡家是義，他心甘情願，闔閭只好同意了他的計畫。闔閭找了個罪名，將要離砍掉右手關進了大牢。

好了，別猶豫啦，就按我說的去做吧！

之後闔閭又派人暗中放走要離，製造出要離越獄的假象，最後再假裝大怒，拿要離的妻子出氣，將她殺死後焚屍扔在街上。

要離，你竟敢越獄，那麼後果就讓你的妻子來承擔！

要離逃出吳國後，到處為自己鳴冤，宣揚闔閭的殘暴行徑，表示自己一定要殺回吳國報仇。此事傳遍各國後，要離來到衛國求見慶忌。慶忌早聽說了此事，但他起初並不相信，還派手下去吳國打探真偽。

不殺闔閭，我要離誓不為人！

如今他倒真是斷了手，探子回報也說他妻子確實被焚屍棄市，看來他是真心想報仇呀！

於是慶忌徹底打消懷疑，將要離視作同仇敵愾的鐵杆盟友，請他加入自己的復仇隊伍。

不久，慶忌帶著要離和手下乘船去攻打吳國，當時風大水急，大家都有些站立不穩。要離站在上風口，他瞅准機會突然發難，藉著順風之勢和戰船顛簸的慣性，用短矛狠狠刺向毫無防備的慶忌，刺穿了慶忌的身體。

慶忌不愧為超級勇士，重傷後還能反擊，他一把抓住要離，將他的頭按進水裡，如此反覆三次，才將奄奄一息的要離放在自己的膝蓋上。

哎呀呀，真有趣，天底下竟然還有這樣的勇士，不惜家破人亡也要來害我！

慶忌的手下請求殺了要離洩憤，慶忌卻拒絕了。

說完，慶忌因傷勢過重而死去。手下遵照慶忌的遺言放走了要離。然而要離到了江陵，突然不走了。

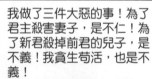

要離聽後更加愧疚，他自斷手足，趴著撞劍自殺了。

「苦肉計」是一種透過故意傷害自己來騙取敵方信任的計策，常見於各類詐降、離間、刺殺事件中，但像要離這麼狠的做法，還是千古罕見。要離為了刺殺與他無冤無仇的慶忌，害死了自己的結髮妻子，後世很多人都認為他過於自私，缺乏人性。

在《史記》中，司馬遷將曹沫、專諸、豫讓、聶政、荊軻五位刺客合傳為《刺客列傳》。要離名聲雖大，卻不在此傳之列，或許也是這個原因吧！

第三十五計

連環計

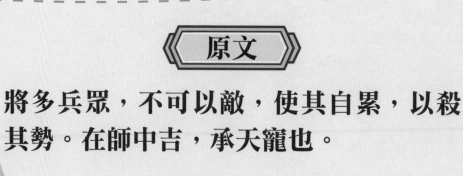

原文

將多兵眾，不可以敵，使其自累，以殺
其勢。在師中吉，承天寵也。

敵人兵多將廣，實力強大，就不要硬拼，應當運用計謀使其自相箝制，從而削弱敵人的力量。主帥在軍中指揮，用兵得法，就會像有天神保佑一樣。

元朝末年，天下大亂，群雄並起，朱元璋參加了反元起義軍「紅巾軍」。後來紅巾軍分裂，朱元璋自立門戶，在應天建立了自己的根據地。相比其他割據勢力，此時朱元璋地盤很小，而且還面臨著強敵環伺的局面。

東面和南面是元軍，東南面是張士誠建立的「大周」，西面是徐壽輝建立的「天完」。

徐壽輝陣營中，對朱元璋威脅最大的敵人是陳友諒。陳友諒本是徐壽輝部將倪文俊的屬下，徐壽輝建國稱帝後，倪文俊想暗殺他取而代之，結果陰謀敗露，逃到了陳友諒的轄區。陳友諒心狠手辣，直接把老上司殺了，吞併了他的部眾。

獲得大量兵馬後，陳友諒四處攻城掠地，同時朱元璋也在積極擴張，二人的地盤很快接壤，一場廝殺就此拉開了序幕。

✏陳友諒有一個得力幫手叫趙普勝，他率領本部兵馬替陳友諒把守安慶，屢屢襲擊朱元璋的城池。此人驍勇善戰，使得一手好雙刀，人送外號「雙刀趙」。

✏為了除掉這個棘手的敵人，朱元璋花重金收買了趙普勝的門客，要他散布趙普勝自恃功高，不服陳友諒的謠言。陳友諒聽到謠言，派使者到趙普勝軍中慰勞，暗中探查情況。趙普勝是個性格耿直的粗人，他在使者面前不斷誇耀自己的功勞。

這下陳友諒徹底相信了謠言，他以會師的名義帶領兵馬來到安慶，趙普勝不知其中內情，還在江邊擺出烤羊宴迎接陳友諒。陳友諒招呼趙普勝上船，趙普勝什麼也沒想就上船了，結果被埋伏的刀斧手當場殺死，他的部眾也被陳友諒控制。

此後，陳友諒的野心徹底失控。西元 1360 年，他殺害徐壽輝自立稱帝，國號「大漢」，後世一般稱之為「陳漢」。此時，陳友諒手握重兵，盡占江西湖廣之地，他寫信給張士誠，相約一起夾攻朱元璋。消息傳來，應天人心震動。

朱元璋召集眾人商議對策，有人建議迎戰，有人建議投降，還有人建議撤退到其他地方暫避鋒芒，唯有劉伯溫一言不發。朱元璋知道劉伯溫必有良策，只是不想當眾說，就單獨召他問計。

凡是主張投降或者逃跑的人，都可以直接殺掉。別讓他們再擾亂軍心。

劉伯溫

張士誠沒有多大雄心，根本不足為患，陳友諒才是最危險的敵人，必須率先解決他！

陳友諒雖然兵強馬壯，但他弒君自立，內部離心離德，軍隊戰鬥力也會大打折扣。他狂妄自大，認為攻滅我們易如反掌，我們正好可以誘敵深入，再以逸待勞打他個措手不及。

朱元璋

聽完劉伯溫的話，朱元璋猶如醍醐灌頂，他叫來和陳友諒有舊交的將領康茂才，讓他寫了一封詐降信給陳友諒。

朱元璋以卵擊石，必敗無疑，我決定棄暗投明，為陳兄你效力！朱元璋派我鎮守江東木橋，到時候你帶兵過來，我們裡應外合，必能將他一舉拿下！

康茂才

陳友諒看了信，大喜，很快乘船來到了約定地點江東橋。然而，他發現事有蹊蹺，原來信中說是「木橋」，但這明明是一座石橋啊！陳友諒大聲呼喊康茂才，然而周圍一片死寂，根本沒有人回應他。

陳友諒頓感不妙，心知已經中計，立刻率軍撤退。但朱元璋的部下早已埋伏在四周，見陳友諒要逃，眾人紛紛請戰。朱元璋卻說不著急。

過了沒多久，果然天降大雨，朱元璋的將士們趁著雨勢殺出，水陸並進，攻向敵人，取得了大勝。

陳友諒軍敗退之時，剛好又趕上退潮，船隻大量擱淺，數百艘戰船被毀，戰死或淹死的兵馬不計其數。陳友諒乘坐小船，慌忙逃回了自己的大本營。

朱元璋乘勝追擊，在一年內攻佔了陳友諒的許多地盤。陳友諒越想越氣，命人趕造了數百艘巨型戰艦，準備找朱元璋報仇。這些戰艦每一艘都高好幾丈，分為上中下三層，船身用丹漆粉飾，櫓箱用鐵板裹住，船上還設有走馬棚。

這一次，我要把失去的全奪回來！

1363 年，張士誠派兵攻打朱元璋的盟友，朱元璋率主力前去營救。陳友諒乘人之危，親率六十萬大軍乘著巨艦浩浩蕩蕩地殺向了洪都。

洪都的守將是朱元璋的侄子朱文正，面對傾巢出動的強敵，他竟然率眾堅守了八十五天，撐到了朱元璋率二十萬大軍趕回來救援。於是，陳友諒在鄱陽湖迎戰朱元璋，他將巨艦以鐵索連環列陣，綿延了數十里，遠遠望去就像一座座高山。

相比之下，朱元璋只有普通小船，兵馬數量也只有陳友諒的三分之一，但他絲毫沒有畏懼，將水軍分為十一隊，與陳友諒展開了決戰。徐達衝在前面，抵擋住了敵軍的先鋒；俞通海用火炮焚燒了數十條敵船，大大挫傷了敵人的銳氣。

不過陳友諒的手下也不是吃素的，猛將張定邊氣勢洶洶地殺向朱元璋所坐的船。朱元璋想退後躲避，船卻被泥沙困住了。就在朱元璋命懸一線之時，常遇春突施冷箭，射中了張定邊，俞通海也趕來護駕，大家合力總算把朱元璋救了出來。

初次交鋒，雙方傷亡人數相差不多，算是打了個平手。

但隨著戰鬥進入白熱化階段，雙方船隻的區別就顯現出來了：陳友諒軍在大船上居高臨下，朱元璋軍乘坐小船只能硬著頭皮仰攻，結果死傷慘重，將士們臉上都有了害怕的神色。這時，郭興提出可以用火攻破敵。

這就是怯戰的後果，都給我上！

不是將士們不拼命，而是小船確實難敵大船。依臣之見，不如效仿當年赤壁之戰的孫劉聯軍，用火攻破敵！

郭興

上啊！怎麼還不上？不怕我斬了你們嗎？

朱元璋認為有理，他組織了一支敢死隊，在七艘快船裡裝滿了火藥和蘆葦。幾天後，水面上突然刮起了東北風，敢死隊駕駛快船，乘著風勢徑直衝向了陳友諒的艦隊。

靠近敵船後，敢死隊的死士們點燃蘆葦，風助火勢，剎那間烈火熊熊，濃煙滾滾，連湖水都被沖天的火光染成了紅色。

🖌陳友諒軍大驚，慌忙四散躲避，但大船笨重緩慢又被鐵索相連，還沒來得及分散，就因為互相拉扯攪成了一團。而朱元璋軍乘著靈活輕便的小船，擂鼓吶喊，發起衝鋒。陳友諒軍頓時潰敗，被燒死和淹死的士卒不計其數。

輪到我們反擊了！

🖌大敗之後，陳友諒認為只有殺了朱元璋才有可能扭轉敗局，他知道朱元璋乘的是白桅杆的船，就下令第二天集中兵力猛攻白桅船。朱元璋透過間諜得知了這一情報，命人連夜把所有船的桅杆都刷成了白色。

幹嘛呢？快認準白桅杆衝啊！

老大，這和說好的不一樣，他們的船全都是白桅杆的啊！

就這樣，陳友諒又吃到了一場慘敗，他自知敗局已定，不再戀戰，只想逃跑。然而朱元璋早就派兵封鎖了所有退路，陳友諒只好準備死守，但他的一些部下卻偷偷溜走，向朱元璋投降了。陳友諒大怒，為了鼓舞士氣，他殺掉了所有俘虜。

你們都給我聽好了！此戰絕無退路！

朱元璋卻給俘虜們上藥醫治，把他們全放了回去。陳友諒軍的將士看到戰友們安然無恙地歸來，知道朱元璋優待俘虜，紛紛無心再戰，只想投降。

真這麼好啊？聽得我都心動了……

不是我瞎說，他們對待俘虜是真的好！

軍隊士氣喪盡，糧食也吃沒了，窮途末路的陳友諒只好率領殘軍強行突圍。朱元璋軍全力圍追堵截，陳友諒突圍無果，最終被流矢貫穿頭顱，當場身亡。

在二人你死我活的鬥爭中，朱元璋的兵力本不如陳友諒，但他巧施「連環計」，接連運用反間、詐降、以逸待勞、火燒連環船等多種計策，在勝利的天秤上不斷加碼，最終實現了以智取勝。

全師避敵。左次無咎，未失常也。

　　為了保全軍事實力，全師退卻避戰。退在左邊紮營，既不會有危險，也沒有違背行軍常道。

🖊秦朝末年，各地揭竿而起，前六國的貴族紛紛復國稱王，楚國起義軍領袖項梁聯合劉邦、英布、呂臣等別部將領，共同擁立了楚國王室後裔熊心為楚懷王。

🖊幾個月後，項梁被秦將章邯打敗，戰死沙場。章邯認為楚國已經不足為慮，於是北上攻打趙國，攻陷了邯鄲，將趙王歇圍困於巨鹿。

✐為了分散秦軍的力量，楚懷王決定再派一支部隊向西直接攻秦。由於項梁剛剛戰死，秦軍兵鋒正盛，楚國上下均不看好西征，眾將都不想接這個任務，只有項羽因為叔父之死非常憤恨，想要領兵直搗關中。

項羽願領兵西征！

大王，項羽殘暴又狡猾，所過之處寸草不生，不能讓他領兵西征。諸將之中，只有沛公劉邦為人寬厚，可以把燙手山芋扔給他。

嗯……有道理。

✐於是，「老實人」劉邦成了西路軍主帥，北路軍則由楚懷王的親信宋義擔任上將軍，項羽擔任次將。兩軍出征前，為了鼓舞士氣，楚懷王與諸將立了一個約——誰先打入關中，誰稱王！

本王可是很公平的，各位加油吧！

結果，項羽和劉邦都打出了超乎想像的戰績。項羽殺死宋義，奪取了北路軍的指揮權，隨後在巨鹿之戰中斬殺蘇角，生擒王離，迫降章邯，以數萬兵馬打敗了四十萬秦軍主力，威震諸侯。

劉邦向西一路攻城拔寨，順利殺入了關中。秦王子嬰見敗局已定，手捧玉璽符節出城投降，秦朝就此滅亡。劉邦進入富麗堂皇的秦宮，不聽樊噲的勸阻想在這裡住下，於是張良親自對他進行了勸說。

主公啊！正是因為秦朝無道，您才得以進入這秦宮，您這麼快就忘了前車之鑑嗎？

劉邦幡然醒悟，將秦國的財寶全部清點查封，率十萬大軍撤出城內駐紮於霸上，還與秦國百姓約法三章，獲得了百姓的一致擁戴。

另一邊，項羽消滅秦軍主力後，也率領諸侯聯軍向關中挺進。抵達函谷關時，項羽發現劉邦派人把守著關隘，還緊閉關門不讓自己進去。項羽得知劉邦先於自己攻入了咸陽，非常氣惱，率軍攻破函谷關而入。

打！給我狠狠地打！

這時劉邦的部下曹無傷跑來向項羽告密，說劉邦準備在關中稱王，把所有財寶都據為己有。項羽大怒，將四十萬大軍駐紮於新豐鴻門，準備找劉邦算帳。項羽的謀士范增火上澆油，力勸他斬草除根。

劉邦在山東時貪財好色，入關後卻不搶奪財物，也不霸佔美女，可見他志向不小。趕緊殺了他，千萬別遲疑！

曹無傷

范增

哼！真是氣殺我也！

🖋️項羽的叔父項伯與張良是好朋友，他曾經犯下殺人死罪，張良包庇他，使他免於一死。項伯連夜來到劉邦營中，叫張良快點逃，但張良不願意拋棄劉邦獨自逃走，便將情況一五一十的跟劉邦說了。

這……這可如何是好？

不不不，項羽本就比我勇猛得多，更何況他的兵力足足有我的四倍那麼多！

主公覺得自己能不能打得過項羽？

🖋️張良表示，眼下只有讓項伯向項羽求情，才可能有一線生機。於是，劉邦恭敬地將項伯請入帳中，像對待兄長一樣給他敬酒，還和他相約結為兒女親家。趁著項伯酒酣耳熱之時，劉邦裝作委屈巴巴地對他訴起苦來。

我進入關中，秋毫無犯，登記了官吏、百姓名單，查封了府庫，就是為了等待項羽將軍到來啊！我派兵遣將把守函谷關，也是為了防備其他盜賊進來，或者發生什麼意外變故。

項伯

我日夜盼望項羽將軍到來，怎麼敢反叛呢？希望您把我說的全部轉達給項羽將軍，告訴他我不敢辜負他的大恩大德。

🖊項伯要劉邦明天一早親自去鴻門謝罪，他自己則連夜趕回軍營，把劉邦的話轉達給了項羽，又替劉邦說了一些好話，項羽的怒氣因此消了大半。第二天一早，劉邦來到鴻門向項羽道歉。

🖊項羽設宴款待劉邦。席間，范增多次向項羽使眼色，並再三舉起自己的玉佩，暗示項羽快點動手殺了劉邦，但項羽沒有反應。於是范增起身出門，召來了項莊，讓他進去敬酒，然後借舞劍助興刺殺劉邦。

項莊按計畫進去敬酒舞劍，他一邊舞一邊接近劉邦，準備找機會行刺。項伯感受到項莊動作中的強烈殺氣，猜到了他的意圖，便請求與項莊對舞。他像鳥張開翅膀一樣用身體護住劉邦，讓項莊遲遲找不到機會下手。

張良見情況危急，便離席而出，到軍營門口找到樊噲，讓樊噲進去救劉邦。

樊噲一手拿劍一手持盾牌，想要闖入軍門，衛士交叉持戟攔住他，樊噲就持盾牌撞了上去。衛士被撞得跌倒在地，樊噲衝入軍門，掀開門簾進入帳內，怒氣衝衝地瞪著項羽。

都給我閃開！

何人如此大膽！

我乃樊噲是也。

項羽見樊噲氣勢不凡，便讓人賞給他一杯酒。樊噲拜謝後，將酒一飲而盡。項羽又讓人賞給樊噲一條豬腿，結果樊噲卻領到了一條生豬腿。於是樊噲把盾牌扣在地上，把生豬腿放在盾牌上，淡定地用劍切下生肉，大口吃了起來。

哇！可以啊！

再賞這位勇士一條豬腿！

✍樊噲的行為讓項羽看得嘖嘖稱奇，於是他又問樊噲能否再喝酒，結果樊噲慷慨激昂地為劉邦說了一番話。

我死都不怕，難道還怕喝酒嗎？

秦朝皇帝有虎狼之心，殺人唯恐不能殺盡，處罰唯恐不能用盡酷刑，所以全天下的人都背叛了他。

當年楚懷王與眾將約定先率先攻入咸陽者為王。如今沛公破秦入咸陽，他一點東西也不敢動用，封閉宮室，專門等待將軍您，他派人把守函谷關，也是為了幫您守護財寶罷了。

沛公這樣勞苦功高，沒有得到封侯的賞賜，將軍反而還聽信小人讒言，想要殺害有功之人。這樣做與滅亡的暴秦無異，我私以為將軍不該如此！

✍項羽被說得不知道說什麼好，只能招呼樊噲坐下。過了沒多久，劉邦藉口上廁所離席，把樊噲也叫了出去。見劉邦許久沒有回來，項羽便派陳平去叫他。

劉邦出去了這麼久，是不是出事了？你出去看看！

陳平

然而此時劉邦已經準備逃跑了，但又怕沒有辭行會惹項羽生氣，結果樊噲勸阻了他。

現在人家就像是菜刀和砧板，我們就像是魚和肉，還辭別什麼呢？

於是，劉邦留下張良代替自己辭行，並給了他一對玉璧和一雙玉鬥，讓他獻給項羽和范增。劉邦和項羽的營地相距四十里，張良估摸著劉邦已經差不多回到營地，才回到席上向項羽道歉。

沛公不勝酒力，不能親自向您辭別，特讓我獻上玉璧一對給大王，玉鬥一雙給范增先生。

沛公去哪裡了？

沛公聽說將軍要責備他，就獨自脫身離開了，這時候已經回到軍營中了。

走為上計　　281

項羽接受了劉邦送的玉璧，將它們放在座位上。范增則生氣地接過玉斗，扔在地上，拔劍把它們敲了個粉碎，還指責了項羽一頓。

「鴻門宴」後，項羽違背楚懷王的約定，自己分封了諸侯，他僅將劉邦封為漢王，領巴蜀漢中之地，卻將關中封給了秦朝的三位降將。

✎劉邦氣得失去理智，準備率軍找項羽拼命，周勃、灌嬰、樊噲等人都勸他別衝動，蕭何也勸他冷靜。

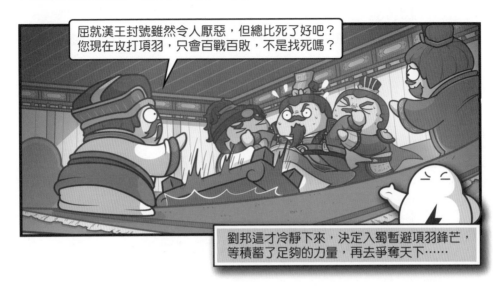

屈就漢王封號雖然令人厭惡，但總比死了好吧？您現在攻打項羽，只會百戰百敗，不是找死嗎？

劉邦這才冷靜下來，決定入蜀暫避項羽鋒芒，等積蓄了足夠的力量，再去爭奪天下……

✎在楚漢爭霸正式打響之前，劉邦的實力遠遠不如項羽，面對強敵，他別無選擇，只能一跑再跑。但這唯一的選擇，其實也是當時的最佳解方——「三十六計，走為上計」。

識時務者為俊傑，大丈夫能屈能伸，方能成就一番大業。

三十六計總整理

01 瞞天過海
虛假包裝的妙方，光天化日之下進行秘密行動！

02 圍魏救趙
攻擊敵方弱點，以達救援目的。

03 借刀殺人
借力使力以達目的。

04 以逸待勞
維持自身優勢，等對方疲憊後再出擊。

05 趁火打劫
趁人之危，從中謀取利益。

06 聲東擊西
假象與突襲的結合，心理戰的應用。

07 無中生有
用謠言、虛幻假象迷惑敵人。

08 暗度陳倉
以不相干的行動吸引對方注意，實採其他行動達真實目的。

09 隔岸觀火
坐看戲，靜觀對方自亂，再尋有利時機。

10 笑裡藏刀
表面友好，實際上暗中算計。

11 李代桃僵
利益的權衡與取捨，犧牲次要換取主要利益。

12 順手牽羊
抓住機會，善用「順便」獲取利益。

13 打草驚蛇
透過一些方法試探、逼迫敵人現身，從而將對方抓住。

14 借屍還魂
利用已有的事物或形式達成目的。

15 調虎離山
無法直接戰勝敵人，於是引誘對方離開有利的位置。

16 欲擒故縱
對敵人假裝放鬆，等對方卸下防備再趁機攻擊。

17 拋磚引玉
用小小的代價迷惑敵人，使敵人上當、從而付出更多。

18 擒賊擒王
打擊核心，迅速改變情勢、解決問題。

19 釜底抽薪
從根本解決問題。

20 混水摸魚
在混亂中牟取利益。

21 金蟬脫殼
保持原來的陣勢，在敵軍沒懷疑的情況下巧妙脫身。

22 關門捉賊
採取果斷措施，封閉任何機會，以解決問題。

23 遠交近攻
聯合遠方國家，攻擊近敵，以保護自身。

24 假道伐虢
以向對方借資源為名，行滅對方之實的計謀。

25 偷梁換柱
暗中改變事物的內容、性質。

26 指桑罵槐
表面批評某事，實則針對另一件事，可說是轉個彎罵人。

27 假癡不癲
表面裝糊塗迷惑對方。

28 上屋抽梯
引誘敵人進入絕境，並斬斷他的後路。

29 樹上開花
利用虛假的形式當作真實的優勢，
是以假亂真的一種手法。

30 反客為主
見機行事，從被動變成主動，奪取主導權。

31 美人計
以美人色誘的計謀。

32 空城計
虛張聲勢的迷惑戰術。

33 反間計
對敵方間諜傳遞假情報，讓敵人間互相猜忌而坐享其利。

34 苦肉計
透過自我傷害博取信任。

35 連環計
環環相扣的縝密作戰計畫。

36 走為上計
當下若無法取勝，先選擇撤退、保存實力，之後再戰。

小幸福 Happy Children
0HHC0002

看萌漫學智慧
漫畫三十六計（下）

作　者：賽雷
責任編輯：林靜莉
封面排版：王氏研創藝術有限公司
內文排版：王氏研創藝術有限公司

總 編 輯：林麗文
主　　編：高佩琳、賴秉薇、蕭歆儀、林宥彤
執行編輯：林靜莉
行銷總監：祝子慧
行銷經理：林彥伶

出　　版：幸福文化出版／遠足文化事業股份有限公司
發　　行：遠足文化事業股份有限公司（讀書共和國出版集團）
地　　址：231 新北市新店區民權路 108 之 2 號 9 樓
郵撥帳號：19504465 遠足文化事業股份有限公司
電　　話：(02) 2218-1417
信　　箱：service@bookrep.com.tw

法律顧問：華洋法律事務所 蘇文生律師
印　　製：凱林彩印股份有限公司
初版一刷：2025 年 1 月
定　　價：450 元

國家圖書館出版品預行編目 (CIP) 資料

看萌漫學智慧，漫畫三十六計（下）／賽雷
著. -- 初版. -- 新北市：幸福文化出版社
出版：遠足文化事業股份有限公司發行，
2025.01
　冊；　公分
ISBN 978-626-7532-59-1(上冊：平裝). --
ISBN 978-626-7532-60-7(下冊：平裝). --
ISBN 978-626-7532-61-4(全套：平裝)

1.CST: 兵法 2.CST: 謀略 3.CST: 漫畫

592.092　　　　　　　　113017235

9786267532607（下冊：平裝）
9786267532553（PDF）
9786267532560（EPUB）

中文繁體版通過成都天鳶文化傳播有限公司代理，由中南博集天卷文化傳媒有限公司授予遠足文化事業股份有限公司（幸福文化出版）獨家出版發行，非經書面同意，不得以任何形式複製轉載。